●統計ライブラリー

ベイズ統計データ分析

R & WinBUGS

古谷知之
[著]

朝倉書店

まえがき

本書の目的は，ベイズアプローチによる主要なデータ分析手法を紹介することにある．近年，自然科学のみならず社会科学・人文科学でもベイズ統計の重要性や有効性が認識され，ベイズアプローチによるデータ分析を扱った論文や書籍が増えつつある．しかし，大学の授業などでベイズ統計を紹介しても，なかなかそのよさを理解してくれないことが少なくない．大学の学部低学年で頻度主義に基づく統計学，あるいは推測統計学や記述統計学を学んだ学生諸君にとっては，せっかく苦労して理解した方法の方が簡単なうえ，ソフトウェアも充実しているのに，なぜまたベイズ統計のような得体の知れない，しかも計算が煩雑そうな手法を学ばなくてはならないのか，ということになるのだろう．そのうえ，ベイズ統計に基づくデータ分析手法を紹介した書籍の多くが英語で書かれており，日本語の文献や書籍は限られている．特に，データ実例による統計プログラミング演習を含む日本語の解説書はほとんどないといってよい．こうした現状が，本書執筆の直接のきっかけとなっている．

そこで本書では，頻度主義的な仮説検定に基づくデータ分析にある程度親しんだことのある人，ベイズ統計の理論書を読んだことはあるが，実際のデータ分析への適用に困っている人，などを対象に，ベイズアプローチによるデータ分析に親しんでもらうことを目的としている．ベイズ統計学の入門書は，本書の他にもわかりやすいものがあるので，適宜それらの教科書を参考にされたい．高校卒業程度の確率統計に関する知識があれば，基礎的な部分は理解できると期待している．

最近の社会科学では，大量のデータを用いてマーケットセグメントごとにきめ細かくサービスを提供したり，限られたサンプルデータを用いて政策立案に必要な意思決定をしたりするということが必要となってきている．そのため本書では，社会科学分野での応用事例が多い，あるいは重要性が高まりつつあるデータ分析手法を紹介している．読者層の多くが頻度論的な統計学に親しんだ経験があると想定して，ベイズアプローチによるデータ分析手法だけでなく，頻度主義による統計解析手法もできるだけあわせて紹介するようにした．これは，ベイズ統計学と頻度主義統計学の互いの利点と欠点を理解しつつ，データ分析手法を適用するのが望ましいとの筆者自身の考えによるものである．

本書は以下の内容から構成される．第1章ではベイズアプローチの基礎となる，ベイズ的意思決定とベイズ推論の考え方を紹介し，事前分布・事後分布・尤度関数などの基本概念について説明している．第2章では，事前分布が事後分布に与える影響をより詳しく紹介し，ベイズ推論についての理解を深める．第3章では，ベイズ推定において事後分布を生成する際に用いられる，マルコフ連鎖モンテカルロ法とその代表的なアルゴリズムを紹介している．第4章と第5章では，離散選択モデルのベイズ推定について説明している．本書では，二項・多項プロビットモデル，順序プロビットモデル，トビットモデル，二項・多項ロジットモデルを扱うこととした．特に第5章では，日本では応用事例が少ないマルチレベルモデルを紹介している．医療・福祉分野での適用事例が多いマルチレベルモデルは，今後社会科学分野でも応用事例が増えるだろう．最後に第6章では，金融工学などの分野で用いられることが多い，パネルデータモデルと時系列モデルのベイズ推定について紹介している．今後，ミクロデータの利用が促進されれば，パネルデータを用いた線形回帰モデルの応用事例が増えると期待される．なお，筆者の専門とする空間統計学や空間計量経済学で扱われるモデルについては，本書からは割愛した．

また，具体的な分析については，オープンソースによる統計解析ソフト「R」と，マルコフ連鎖モンテカルロ法の代表的なアルゴリズム，ギブズ・サンプラーによるシミュレーション計算ソフト「WinBUGS」を用いた．これは，オープンソースによる統計ソフトが誰にでも使えること，Rの「R2WinBUGS」というパッケージを使えばR上でWinBUGSの計算を容易に実行できること，またWinBUGSの文法がR（S-Plus）の文法に近いことから，利便性が高いと考えられるからである．他にも，WinBUGSをExcelで実行する方法もあるし，OxやGAUSS, MATLAB, S-Plusなどのソフトウェアを使って，ベイズアプローチによるデータ分析を行うことができる．本書で示したプログラムとデータは，いずれも筆者のホームページ（http://web.sfc.keio.ac.jp/~maunz/wiki/）からダウンロード可能である．

本書はまた，慶應義塾大学湘南藤沢キャンパス（SFC）での「ベイズ統計」の講義・演習テキストをベースに，学部上級・大学院レベルのデータ分析のテキストとして利用されるように構成した．SFC のカリキュラムでは，学年を前提にした履修モデルを組んでいないため，学部上級生から大学院博士課程までの学生諸君が，各自の研究関心に応じて受講している．履修者の関心や理解度に応じて演習課題に取り組めるよう，それなりに工夫したつもりである．授業では，受講生諸君がテキストの誤りなどを適宜指摘してくれた．特に，梶田幸作君と兎原義弘君は文章表現やプログラムの詳細に至るまでチェックしてくれた．風岡宏樹君は時系列モデルのベイズ推定について，猪狩良介君は R 言語のプログラミングについて，それぞれ有益な助言をくれた．さらに同僚の小暮厚之教授には，本書執筆の機会を与えていただいた．改めてここに謝意を表する．無論，本文中の誤りについての責任は，すべて筆者にある．

本書によって，「ベイズ統計」の面白さや有用性をより多くの人が実感し，関心をもっていただければ幸いである．

2008 年 8 月

古 谷 知 之

目　　次

1. ベイズアプローチの基本

1.1 ベイズ的意思決定

インターネット社会になり，大量の情報やデータが氾濫する現在でも，私たちは個人的な経験や勘に頼って意思決定することが少なくない．日常的な買い物をするとき，電車や自家用車での移動経路を決めるとき，株を売買するとき，などなど．

ゴルフのようなスポーツも，過去の練習量や経験が，試合などの本番での意思決定に大きな影響を及ぼす事象の１つといえる．ゴルフは，世界中で老若男女により楽しまれているスポーツの１つである．さまざまな状況（芝，傾斜，天候，同伴者，キャディーなど）下で，１打ごとにクラブ選択の意思決定が必要とされるスポーツである．

いまあなたは，ゴルフコースに出てラウンド中であると考えよう．過去の練習やラウンドでの経験から，パターを除くすべてのゴルフクラブについて，飛距離がある期待値（平均値）と一定のばらつき（分散）をもつ分布（ここでは単純化のために正規分布）に従うことがわかっているとしよう．ただし，飛距離の分散が,「意識的にボールを打った結果」によるものなのか,「当てずっぽうに打った結果」によるものなのかは，ここでは問わない．500 Y（ヤード）・パー５のあるホールに対し，3 打でグリーンに乗せ，パター２打以内でホールアウトしたいとする．すでに２打を打ち終えて，カップ（またはグリーンエッジ）まで，約 90 Y 前後が残されていることがわかったとき，次の１打のアプローチでグリーン上のカップ近くまでボールを運びたいときには，どのクラブを選んだらよいだろうか？

ここであなたは，約 90 Y 程度の距離を打つときには，PW（ピッチング・ウェッジ）か AW（アプローチ・ウェッジ）をよく使っていたことを思い出す．ただし PW の飛距離の期待値（平均）は 100 Y で，頻繁に利用してきたクラブで

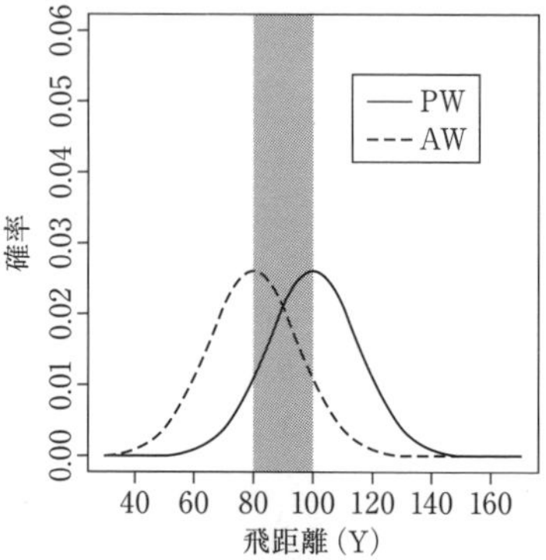

図 1.1 飛距離の分布

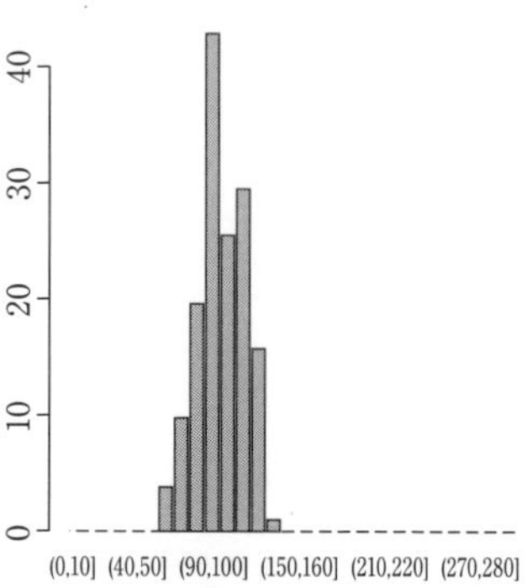

図 1.2 PW の飛距離の度数分布

表 1.1 ゴルフクラブの飛距離と過去に打った経験（回数）

クラブの種類(A)	飛距離 (B)			合計
	0～85 Y(B_1)	85～95 Y(B_2)	95 Y～(B_3)	
PW (A_1)	27	25	98	150
AW (A_2)	55	17	8	80
合計	83	42	106	230

ある．他方 AW の飛距離の期待値（平均）80 Y であるが，PW より使用頻度が少ないクラブだとしよう．そこで，PW の飛距離は，平均 100，標準偏差 15 の正規分布に，AW の飛距離は，平均 80，標準偏差 10 の正規分布に，それぞれ従うとする（図 1.1）．他方，PW の使用頻度（回数）は 150 回であるのに対し(図 1.2)，AW の使用頻度は 80 回であった．また，これ以外のクラブで 80～100 Y の飛距離を打った経験がほとんどないとする．

このとき，過去の経験に従えば，これら 2 本のクラブで 85～95 Y の飛距離を打つことができた回数は，それぞれ表 1.1 のように分布する．また，クラブの種類に関する事象を A，飛距離に関する事象を B とし，種類と距離区分を表 1.1 のように表す．過去の経験では，これら 2 本のクラブを打った合計回数に対して，PW (A_1) を打った割合 ($P(A_1)=150/230\cong 0.652$) の方が AW を打った割合 ($P(A_2)=80/230\cong 0.348$) より大きい．これら 2 本のクラブを打った回数の合計からみると，85～95 Y を飛ばすであろう確率は，PW を使った場合には $P(B_2\cap A)=25/230\cong 0.109$，AW を使った場合には $P(B_2\cap A)=17/230\cong 0.074$ となることから，PW を使った方が確率のうえで高くなる．

2つのクラブを過去に使用した経験（回数の合計）に基づきPWを使って85〜95Yの飛距離を出した確率 $P(B_2 \cap A)$ を**同時確率**（joint probability）という．また，PWを使った割合は**周辺確率**（marginal probability），2本のクラブを無作為に使用しかつPWで85〜95Yを飛ばした確率 $P(B_2|A_1)$ は**条件付き確率**（conditional probability）と呼ばれる．一般に，同時確率は条件付き確率と周辺確率の積で求めることができる．

$$P(B \cap A) = P(B|A)P(A) \tag{1.1}$$

$P(A) > 0$ のとき，条件付き確率 $P(B|A)$ は次式のようにして表すことができる．

$$P(B|A) = \frac{P(B \cap A)}{P(A)} \tag{1.2}$$

また，よく知られていることであるが，以下の事実が成立する．

$$P(A \cup B) = P(A) + P(B) - P(A \cap B) \tag{1.3}$$

Rを使って，2本のクラブの飛距離に関する度数分布を求め，正規分布を図示してみよう．

```
PW <- rnorm(150, 100, 15); curve(dnorm(x, 100, 15), 0, 300);
AW <- rnorm(80, 80, 13); curve(dnorm(x, 80, 13), 0, 300, add=T);
# 度数分布表
break1 <- c(0, 85, 95, 300)
PW.tab1 <- table(cut(PW, break1)); AW.tab1 <- table(cut(AW, break1))
PW.tab1; AW.tab1
PW.prob1 <- PW.tab1/150; AW.prob1 <- AW.tab1/80
PW.prob1; AW.prob1

APW.tab1 <- rbind(PW.tab1, AW.tab1)
APW.prob1 <- APW.tab1/sum(APW.tab1)
# 正規分布の表示
curve(dnorm(x, 100, 15), 30, 170, ylim=c(0, .06), xlab="飛距離", ylab="確率",
lwd=2, cex=1.2, cex.axis=1.2, cex.lab=1.2, cex.main=1.2, add=T)
curve(dnorm(x, 80, 15), 30, 170, add=T, lwd=2, lty=2)
legend(110, 0.05, legend=c("PW", "AW"), lwd=2, lty=c(1, 2), cex=1.2)
```

式(1.1) の性質を用いて，次式が成り立つ.

$$\begin{aligned}P(A_1)&=P(B_1\cap A_1)+P(B_2\cap A_1)+P(B_3\cap A_1)\\&=P(A_1|B_1)P(B_1)+P(A_1|B_2)P(B_2)+P(A_1|B_3)P(B_3)\\&=\frac{27}{83}\cdot\frac{83}{230}+\frac{25}{42}\cdot\frac{42}{230}+\frac{98}{106}\cdot\frac{106}{230}=\frac{150}{230}\end{aligned}\tag{1.4}$$

さらに，式(1.1) と式(1.4) から，事象 A_1 に対する事象 B_1 の条件付き確率について，次式が成立する.

$$\begin{aligned}P(B_2|A_1)&=\frac{P(B_2\cap A_1)}{P(A_1)}\\&=\frac{P(A_1|B_2)P(B_2)}{P(A_1|B_1)P(B_1)+P(A_1|B_2)P(B_2)+P(A_1|B_3)P(B_3)}\\&=\frac{25/42\cdot 42/230}{150/230}=\frac{25}{150}\cong 0.167\end{aligned}\tag{1.5}$$

他方，AW を使った場合には，$P(B_2|A_2)=17/80\cong 0.214$ となる．これらを比較しただけでは，AW の確率の方が高いといえる.

式(1.5) を一般化して表すと，次式(1.6) が成り立つ.

$$P(B_k|A)=\frac{P(A|B_k)P(B_k)}{\sum_{i=1}^{k}P(A|B_i)P(B_i)}\tag{1.6}$$

これを**ベイズの定理**（Bayes' theorem）という．また，$P(B_k)$ は**事前確率**（prior probability)，$P(B_k|A)$ は**事後確率**（posterior probability）と呼ばれる.

まったくの余談ではあるが，ゴルフのルールでは，1 ラウンドで使えるクラブ本数は，パターを含めて 14 本と決まっている．パターを除く 13 本のクラブから適当に 3 本のクラブを選んで並べる順列の数 ${}_{13}P_3$ は，${}_nP_r=n!/(n-r)!$ より，${}_{13}P_3=13!/(13-3)!=1716$ 通りとなる．順番を考えずに 13 本のクラブから 3 本選ぶ組み合わせの数 ${}_{13}C_3$ は，${}_nC_r=\binom{n}{r}=n!/r!(n-r)!$ より，${}_{13}C_3=13!/3!(13-3)!=286$ 通りとなる．R では，次のようにして計算できる.

```
# 13P3
> prod(1:13)/prod(1:10)
# 13C3
> prod(1:13)/(prod(1:3)*prod(1:10))
```

1.2 ベイズ的アプローチとデータ分析

次に，データ分析でしばしば用いられる，回帰モデルを例にあげる．ここでは，個人（または地域）$i(=1, \cdots, n)$ に関する変数 x_i および y_i を取り上げ，$X(=x_1, \cdots, x_n)$ を説明変数とし $Y(=y_1, \cdots, y_n)$ を被説明変数とする単回帰モデルを考えることにしよう．上述のゴルフの例でいえば，あるクラブでボールを打った際の，力加減（インパクト）X と飛距離 Y との関係をモデル化すると想定してもよいだろう．

いま，これら2変量に関するデータに対して，最小二乗法（あるいは最尤法）により単回帰モデルのパラメータを求めたとき，$Y=\beta_0+\beta_1X$ であるとする．われわれが慣れ親しんだ推測統計学の教科書に従えば，（自由度修正済み）決定係数 R^2 の値をもとにモデル全体の説明力を判断し，回帰係数と切片の t 値が統計的に有意かどうかを仮説検定する．つまりこの方法では，与えられたデータをもとに，最も説明力の高いモデルを求めようとしている．

いま，発想を逆転して，何本かのモデル式を描いておき，そのモデル上に観測データをいくつかプロットする作業を行う．それにより，モデルが与えられた条件付きで観測データが現れる確率 P(観測データ|モデル）を考え，それをもとに，観測データが得られた条件付きでのモデルが成立する確率を推測する．

ここで，図1.3のような4つのモデル上に合計40個のデータが観測されているとする．モデル1：$Y=1.2+0.8X$ 上には区間［0, 20］に12個のデータ，モデル2：$Y=0.9+1.2X$ 上には区間［7, 20］に10個のデータ，モデル3：$Y=1.0+$

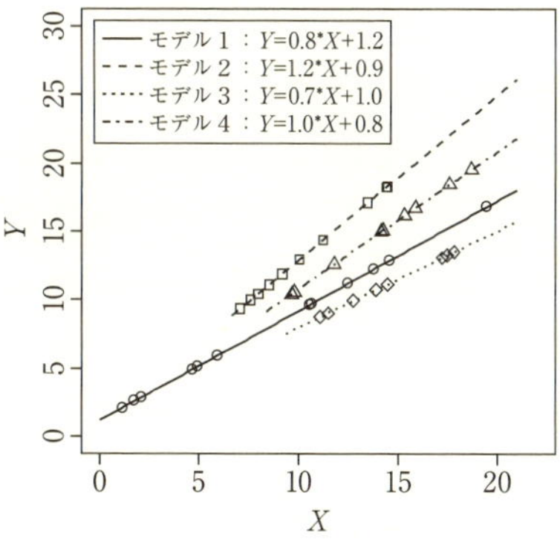

図1.3 モデルとデータの表示例

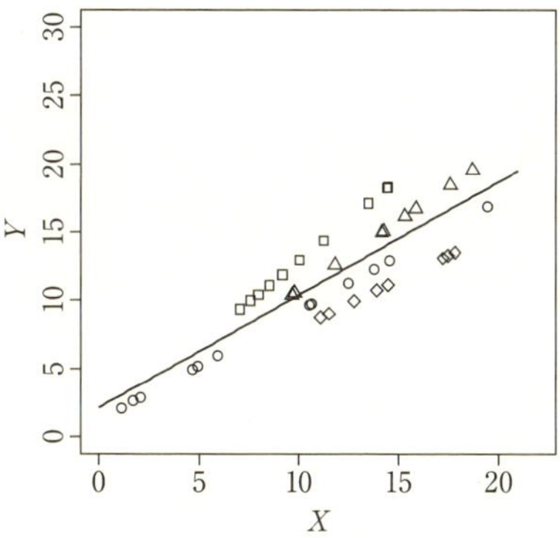

図1.4 最小二乗法による回帰モデル表示例

$0.7X$ 上には区間［10, 20］に 8 個のデータ，モデル 4：$Y=0.8+1.0X$ 上には区間［9, 20］に 10 個のデータが観測されたとしよう（以下の R コードでは，各モデルの説明変数をそれぞれランダムな**一様分布**（uniform distribution）に従って作成している）．作成した 40 個の観測データから，最小二乗法により得られた通常線形回帰モデルを図 1.4 に示す．

R では，以下のようにしてモデル式と観測データを図示できる．

```
n1 <- 12; n2 <- 10; n3 <- 8; n4 <- 10; n <- n1+n2+n3+n4; v <- 1
# runif(n, min, max)は区間[min, max]で n 個の一様分布に従う
# ランダムな数を生成
# rnorm(n, m, s)は平均 m, 標準偏差 s の正規分布に従うランダムな数を生成
x1 <- runif(n1, 0, 20) ; y1 <- 0.8*x1+1.2
x2 <- runif(n2, 7, 20) ; y2 <- 1.2*x2+0.9
x3 <- runif(n3, 10, 20) ; y3 <- 0.7*x3+1.0
x4 <- runif(n4, 9, 20) ; y4 <- 1.0*x4+0.8
plot(x1, y1, ann=FALSE, cex=1.4, cex.axis=1.5, xlim=c(0, 22), ylim=c(0, 30))
title(xlab="X", cex.lab=1.2, font.lab=4) ; title(ylab="Y", cex.lab=1.2, font.lab=4)
points(x2, y2, pch=22, cex=1.4) ; points(x3, y3, pch=23, cex=1.4) ;
points(x4, y4, pch=24, cex=1.4)
curve(0.8*x+1.2, add=T, lwd=2, lty=1, xlim=c(0, 21))
curve(1.2*x+0.9, add=T, lwd=2, lty=2, xlim=c(6, 21))
curve(0.7*x+1.0, add=T, lwd=2, lty=3, xlim=c(9, 21))
curve(1.0*x+0.8, add=T, lwd=2, lty=4, xlim=c(8, 21))
legend(0, 30, legend=c("Y=0.8*X+1.2", "Y=1.2*X+0.9", "Y=0.7*X+1.0",
"Y=1.0*X+0.8"), lwd=2, lty=c(1, 2, 3, 4), cex=1.2)
```

ここで，まったくの主観により，モデル 1～4 がすべて同じ確率で現れるとする．すなわち，何もデータが与えられていない状況下で各モデルが出現する期待確率を，

$$P(\text{モデル}1)=P(\text{モデル}2)=P(\text{モデル}3)=P(\text{モデル}4)=0.25$$

と考えることにする（この確率値は，主観に基づくものに過ぎず，例えば $P(\text{モデル}1)=0.5$，$P(\text{モデル}2)=P(\text{モデル}3)=P(\text{モデル}4)=1/6$ であってもよい）．

すると，各モデルが与えられている条件付きで観測データが得られる確率は，それぞれ以下のようになる．

$$P(\text{観測データ}|\text{モデル}1)=12/40=0.30$$
$$P(\text{観測データ}|\text{モデル}2)=10/40=0.25$$
$$P(\text{観測データ}|\text{モデル}3)=8/40=0.20$$
$$P(\text{観測データ}|\text{モデル}4)=10/40=0.25$$

これら4つのモデルが互いに独立であるならば，すべての観測データが得られる確率は，

$$\begin{aligned}P(\text{観測データ})=&P(\text{観測データ}|\text{モデル}1)P(\text{モデル}1)\\&+P(\text{観測データ}|\text{モデル}2)P(\text{モデル}2)\\&+P(\text{観測データ}|\text{モデル}3)P(\text{モデル}3)\\&+P(\text{観測データ}|\text{モデル}4)P(\text{モデル}4)\\=&0.30\cdot0.25+0.25\cdot0.25+0.20\cdot0.25+0.25\cdot0.25\\=&0.25\end{aligned}$$

となる．

前述の4つのモデルのうち，あるモデルが成立する確率 $P(\text{モデル})$ は，データが与えられていない状況での自分の主観によるものであった．今度は，観測データが与えられた条件付きでモデルが成立する確率 $P(\text{モデル}|\text{観測データ})$ を計算する必要がある．観測データが与えられた条件付きでモデルが成立する確率を求める際に，ベイズの定理を用いることになる．

式(1.2) より，B という事象が与えられたときに，A という事象が起こる条件付き確率 $P(A|B)$ は，次式(1.7) で与えられる．ただし，$P(B)>0$ である．

$$P(A|B)=\frac{P(B\cap A)}{P(B)} \tag{1.7}$$

$P(B\cap A)=P(B|A)P(A)$ であることから，A の補集合を A^{C} と表す場合，次式(1.8) のように書き換えることができる．

$$\begin{aligned}P(A|B)&=\frac{P(B|A)P(A)}{P(B|A)P(A)+P(B|A^{\mathrm{C}})P(A^{\mathrm{C}})}\\&=\frac{P(B|A)P(A)}{P(B)}\end{aligned} \tag{1.8}$$

これはすなわち，「ベイズの定理」である．

ベイズの定理を用いて，観測データが与えられた条件付きで各モデルが成立する確率は，それぞれ以下のようにして求められる．

$$P(\text{モデル}1|\text{観測データ})=\frac{P(\text{観測データ}|\text{モデル}1)\cdot P(\text{モデル}1)}{P(\text{観測データ})}$$

$$=\frac{0.30\cdot 0.25}{0.25}=0.30$$

$$P(\text{モデル}2|\text{観測データ})=0.25$$

$$P(\text{モデル}3|\text{観測データ})=0.20$$

$$P(\text{モデル}4|\text{観測データ})=0.20$$

つまり，観測データが与えられた条件付きで，4つのモデルが成立する確率の比率は，だいたい 1.5：1.25：1：1.25 となる．主観確率が4つのモデルにおいてすべて等しく 0.25 の場合には，観測データが与えられた条件付きでモデルが成立する確率は，モデル上に観測されるデータが出現する確率に等しい．つまり，モデル1はモデル3と比較して 1.5 倍ほど観測データを説明しているということがいえる．

主観確率が $P(\text{モデル}1)=0.5$，$P(\text{モデル}2)=P(\text{モデル}3)=P(\text{モデル}4)=1/6$ のとき，$P(\text{モデル}1|\text{観測データ})=0.56$，$P(\text{モデル}2|\text{観測データ})=0.16$，$P(\text{モデル}3|\text{観測データ})=0.13$，$P(\text{モデル}4|\text{観測データ})=0.16$ となり，モデル1はモデル3と比較して 4.5 倍ほど観測データを説明していることになる．

以上の作業を振り返りながら，ベイズの定理（式(1.2)）を見てみることにしよう．

まず，$P(A)$ に相当するのは $P(\text{モデル})$ であった．この確率は，データについて何も情報をもっていないとき（事前）にモデルが成立すると主観的に考える確率であり，モデルの成立に関する「仮説」に対する「事前確率」であるといえる．

次に $P(B|A)$ は，あるモデルが与えられた条件付きであり，データがそのモデル上に観測される確率 $P(\text{観測データ}|\text{モデル})$ を意味する「条件付き確率」である．この確率は，モデルが与えられた状態でデータが観測される尤もらしさ（**尤度**＝likelihood）を意味するともいえる．

事前確率（仮説）と条件付き確率（尤度）との積 $P(B|A)P(A)$ は，「同時確率」と呼ばれる．$P(B\cap A)=P(B|A)P(A)$ が成立することは，すでに述べたとお

りである．また P(観測データ) は，同時確率 P(観測データ|モデル)$\cdot P$(モデル) の和であり，モデル（仮説）を特定しない場合にすべてのデータが観測される「周辺確率」である．

全観測データが与えられた条件付きで特定のモデルが得られる「事後確率」$P(A|B)$ は，事前確率（仮説）と条件付き確率（尤度）との積を全観測データの周辺確率で割ったもの P(観測データ|モデル)$\cdot P$(モデル)$/P$(観測データ) となる．

このようにベイズの定理を用いたデータ分析は，主観に基づく事前情報と尤度，および全観測データに関する周辺確率をもとに，モデル（未知パラメータ）の事後確率を得ようとする手法であることがわかる．

1.3 ベイズ推論の考え方

1.3.1 確率変数に関するベイズの定理

ベイズアプローチを用いたデータ分析では，どのような場合でも必ずベイズの定理を用いる．改めて，ベイズの定理を次式(1.9) のように書き換える．

$$p(\theta|y)=\frac{p(y|\theta)p(\theta)}{p(y)} \tag{1.9}$$

前節の例でいえば，θ がモデル（の未知パラメータ），y が観測データ（説明変数と被説明変数）ということになる．

ここで，$p(y)$ と $p(\theta)$ はそれぞれ連続型確率変数 Y と Θ の周辺確率密度関数である（θ は，例えば未知パラメータの組み合わせ $\theta=(\beta_0, \beta_1)$ と考えるとよい）．また，$p(\theta|y)$ は y が与えられた条件付きでの Θ の確率密度関数，$p(y|\theta)$ は θ が与えられた条件付きでの Y の確率密度関数を意味する．この式は，Y と Θ の同時確率密度関数 $p(\theta, y)$ をもとに条件付き分布の定義を考えることにより得られる．

$$p(\theta|y)=p(y|\theta)p(\theta)=p(\theta|y)p(y) \tag{1.10}$$

ベイズ統計学では，観測値 Y が得られたあとの Θ の分布を事後分布といい，その確率密度関数 $p(\theta|y)$ を**事後確率密度関数**（posterior probability density function）という．

観測値 Y が得られる前の段階でもっている Θ の情報を**事前情報**（prior information），その情報を確率分布で表現したものを事前分布，事前分布の確率密度関数を**事前確率密度関数**（prior probability density function）という（図 1.5）．

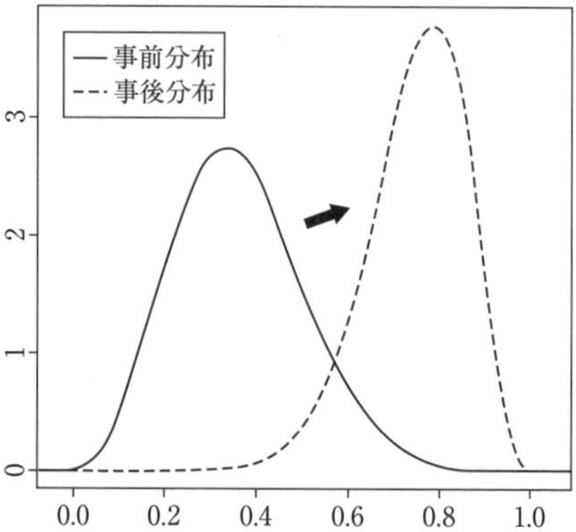

図 1.5 事前分布と事後分布の関係

ベイズ統計では，事前情報を何らかの方法で用いる．事前情報の与え方については，第 2 章で示す．

観測値 Y が得られたとき，$p(y|\theta)$ を Θ の尤もらしさを示す関数と考えて**尤度関数**（likelihood function）という．尤度関数の名付け親は統計学者の Ron A. Fisher である．

繰り返しになるが，ベイズアプローチでは，データを得る前のモデル（またはパラメータ）に関する事前の知識（＝主観確率）としての事前情報をあらかじめ用意し，実験や調査などから得られたモデルが成立するかどうかという仮説の確からしさ（＝尤度（関数））とを掛け合わせることで，データを得たあとのモデル成立に関する仮説の確からしさ（＝事後分布）を得ようとするものであると理解してよい．

したがって，未知のパラメータは確率的に変動するものとしてとらえることも，ベイズ統計によるデータ分析の大きな特徴となっている．また $p(y)$ は θ に依存しないため，定数とみなすことができる．つまり，データが観測されれば，それは固定されることになる．この点も，ベイズ統計の性質の 1 つである．

ここで，ベイズの定理を次式のように書くこともできる．これを確率変数に関するベイズの定理と呼んでいる．

$$p(\theta|y) \propto p(y|\theta)p(\theta) \tag{1.11}$$

尤度関数 $p(y|\theta)$ は likelihood の頭文字を使って $\ell(y|\theta)$ と書くことにする．

$$p(\theta|y) \propto \ell(y|\theta)p(\theta) \tag{1.12}$$

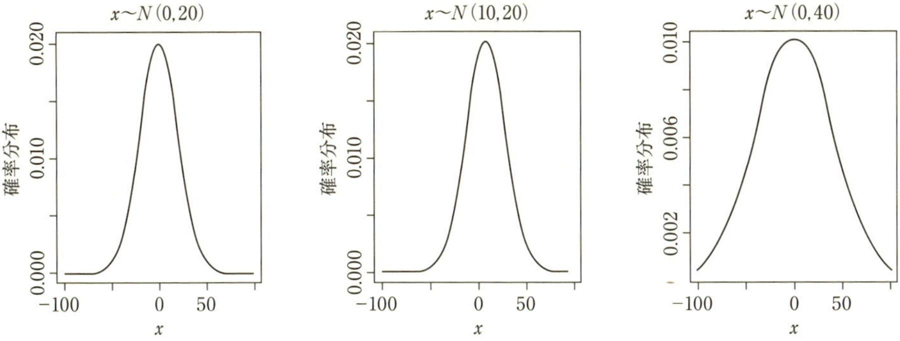

図 1.6　正規分布の例

θ と y が $\theta \sim \mathcal{N}(0, 10)$ および $y \sim \mathcal{N}(\theta, 1)$ となる正規分布を仮定すると，以下のようになる．

$$p(\theta)=\int \frac{1}{\sqrt{2\pi\cdot 10}}\exp\left\{-\frac{(\theta-0)^2}{2\cdot 10}\right\}d\theta \propto \exp\left\{-\frac{\theta^2}{20}\right\}$$

$$\ell(y|\theta)=\int \frac{1}{\sqrt{2\pi\cdot 1}}\exp\left\{-\frac{(y-\theta)^2}{2\cdot 1}\right\}d\theta \propto \exp\left\{-\frac{(y-\theta)^2}{2}\right\}$$

R でいくつか正規分布を書いてみよう（図 1.6）．

```
# x~N(0,20)
curve(dnorm(x, 0, 20), -100, 100, main="x~N(0,20)", ylab="確率分布", lwd=2,
cex.axis=1.5, cex.lab=1.5, cex.main=1.5, font.main=4)
# x~N(10,20)
curve(dnorm(x, 10, 20), -100, 100, main="x~N(10,20)", ylab="確率分布", lwd=2,
cex.axis=1.5, cex.lab=1.5, cex.main=1.5, font.main=4)
# x~N(0,40)
curve(dnorm(x, 0, 40), -100, 100, main="x~N(0,40)", ylab="確率分布", lwd=2,
cex.axis=1.5, cex.lab=1.5, cex.main=1.5, font.main=4)
```

$y \sim \mathcal{N}(\theta, 1)$，$\theta \sim \mathcal{N}(0, 10)$ のとき，$\theta|y$ は正規分布に従う．

$$p(\theta|y) \propto \ell(y|\theta)p(\theta) \propto \exp\left\{-\frac{(y-\theta)^2}{2}-\frac{\theta^2}{20}\right\}$$

$$\propto \exp\left\{-\frac{11\theta^2}{20}+\theta y\right\}$$

$$\propto \exp\left\{-\frac{11}{20}\left(\theta-\left(\frac{10y}{11}\right)\right)^2\right\}$$

$$\therefore \theta|y \sim \mathcal{N}\left(\frac{10}{11}y, \frac{10}{11}\right)$$

y に適当な値を入れて，R で $\theta|y$ の正規分布を書いてみよう．

```
# y=1のとき
# dnorm(x, mean, sd)
curve(dnorm(x, 11/20, 11/20), -10, 10)
```

上述の例からもわかるように，事前情報と尤度関数が正規分布に従い，ともに平均と分散が既知である場合，事後分布も正規分布に従う．尤度関数 $\ell(y|\theta)$ が平均 θ，分散 σ^2 の正規分布 $\mathcal{N}(\theta, \sigma^2)$ に従い，事前情報 $p(\theta)$ が平均 μ_0，分散 σ_0^2 の正規分布 $\mathcal{N}(\mu_0, \sigma_0^2)$ に従うとする．

$$\ell(y|\theta)=\frac{1}{\sqrt{2\pi\sigma^2}}\exp\left\{-\frac{(y-\theta)^2}{2\sigma^2}\right\}\propto \exp\left\{-\frac{(y-\theta)^2}{2\sigma^2}\right\}$$

$$p(\theta)=\frac{1}{\sqrt{2\pi\sigma_0^2}}\exp\left\{-\frac{(\theta-\mu_0)^2}{2\sigma_0^2}\right\}\propto \exp\left\{-\frac{(\theta-\mu_0)^2}{2\sigma_0^2}\right\}$$

すると，条件付き事後分布 $p(\theta|y)$ は次のような正規分布 $\mathcal{N}(\mu_1, \sigma_1^2)$ に従うことがわかる．

$$\begin{aligned} p(\theta|y) &\propto \ell(y|\theta)p(\theta) \\ &\propto \exp\left\{-\frac{1}{2}\left[\frac{(y-\theta)^2}{\sigma^2}+\frac{(\theta-\mu_0)^2}{\sigma_0^2}\right]\right\} \\ &\propto \exp\left\{-\frac{(\theta-\mu_1)^2}{2\sigma_1^2}\right\} \end{aligned} \tag{1.13}$$

ここで，μ_1 と σ_1^2 は次式のとおりである．

$$\mu_1=\frac{(1/\sigma_0^2)\mu_0+(1/\sigma^2)y}{1/\sigma_0^2+1/\sigma^2} \tag{1.14}$$

$$\frac{1}{\sigma_1^2}=\frac{1}{\sigma_0^2}+\frac{1}{\sigma^2} \tag{1.15}$$

y について複数の観測値が得られる（$y=(y_1, \cdots, y_n)$）とき，事後分布は次式のように表される．

$$\begin{aligned} p(\theta|y) &\propto \prod_{i=1}^{n} \ell(y_i|\theta) \times p(\theta) \\ &\propto \prod_{i=1}^{n} \exp\left\{-\frac{(y_i-\theta)^2}{2\sigma^2}\right\}\exp\left\{-\frac{(\theta-\mu_0)^2}{2\sigma_0^2}\right\} \\ &\propto \exp\left\{-\frac{1}{2}\left[\frac{\sum_{i=1}^{n}(y_i-\theta)^2}{\sigma^2}+\frac{(\theta-\mu_0)^2}{\sigma_0^2}\right]\right\} \\ &\propto \exp\left\{-\frac{(\theta-\mu_n)^2}{2\sigma_n^2}\right\} \end{aligned} \tag{1.16}$$

ここで，μ_n と σ_n^2 は次式のとおりである．

$$\mu_n=\frac{(1/\sigma_0^2)\mu_0+(n/\sigma^2)y}{1/\sigma_0^2+n/\sigma^2} \tag{1.17}$$

$$\frac{1}{\sigma_n^2}=\frac{1}{\sigma_0^2}+\frac{n}{\sigma^2} \tag{1.18}$$

したがって，事後分布は平均 μ_n，分散 σ_n^2 の正規分布 $\mathcal{N}(\mu_n, \sigma_n^2)$ に従う．

式(1.12) で示される確率変数に関するベイズの定理に，次のような線形回帰モデルをあてはめてみよう．ここで，誤差項 ε_i は平均 0，分散 σ^2 の正規分布に従うとする．

$$y_i=\beta_0+\beta_1 x_i, \quad \varepsilon_i \sim \mathcal{N}(0, \sigma^2)$$

正規線形回帰モデルでは，説明変数 X とパラメータ β_0, β_1 が既知のとき，被説明変数 y_i の平均は $E(y_i)=\beta_0+\beta_1 x_i$ となる．通常線形回帰モデルでは，説明変数とパラメータが既知のとき，すべての被説明変数の分散 σ^2 は一定となる．つまり，通常線形回帰モデルでは，$y_i \sim \mathcal{N}(\beta_0+\beta_1 x_i, \sigma^2)$ である．$\theta=(\beta_0, \beta_1, \sigma^2)$ と置き換えることにより，次式のように表すことができる．

$$p(\beta_0, \beta_1, \sigma^2|Y, X) \propto \prod_{i=1}^{n} p(y_i, x_i|\beta_0, \beta_1, \sigma^2)p(\beta_0, \beta_1, \sigma^2)$$

したがって，この事後分布を計算することにより，未知パラメータ $\theta=(\beta_0, \beta_1, \sigma^2)$ を求めることができる．

何はともあれ，ベイズ統計を使う以上，尤度関数 $\ell(y|\theta)$ および事前確率密度関数 $p(\theta)$ と格闘していくことになるのである．

尤度関数に基づき θ を計算するうえでは，以下のように考えて計算を正当化する．

・未知変数 θ はランダムな変数 θ である

・観測値 Y に含まれる情報に基づいて θ を計算する

・計算過程においては，不正確な情報を使うことを許す（特に事前分布を与える際には）

1.3.2 線形回帰モデルと尤度関数

尤度関数に関する理解を深めるため，簡単な線形回帰モデルを例にあげて，その性質を視覚的に把握してみよう．

1.2 節の回帰モデル $y_i=\beta x_i+\varepsilon_i$ と 40 個のデータを再び取り上げよう．ここで，$i(=1, \cdots, n)$ は時期や地域などを意味するサフィックスである．誤差項 ε_i が互いに独立な平均 0，分散 σ^2 の正規分布（$\varepsilon_i \sim \mathcal{N}(0, 1)$）に従い，$x_i$ は平均 0，分散 σ^2 の正規分布に従うとする．y_i は平均 βx_i，分散 σ^2 の正規分布に従うランダムな数（$y_i \sim \mathcal{N}(\beta x_i, \sigma^2)$）とする．また，未知パラメータ β には，何らかの方法により事前情報が与えられるものとする．

誤差項の確率分布は，次式(1.19) のようになる．

$$p(\varepsilon)=\prod_{i=1}^{n} \frac{1}{\sqrt{2\pi\sigma^2}} \exp\left\{-\frac{1}{2\sigma^2}\varepsilon_i^2\right\} \propto \exp\left\{-\frac{1}{2\sigma^2}\sum_{i=1}^{n}\varepsilon_i^2\right\} \tag{1.19}$$

したがって，β と X が与えられたときの Y の事後確率密度関数 $p(y|\beta, x)$ は，

$$\begin{aligned} p(y|\beta, x) &= \prod_{i=1}^{n} \frac{1}{\sqrt{2\pi\sigma^2}} \exp\left\{-\frac{1}{2\sigma^2}(y_i-\beta x_i)^2\right\} \\ &\propto \exp\left\{-\frac{1}{2\sigma^2}\sum_{i=1}^{n}(y_i-\beta x_i)^2\right\} \\ &\propto \exp\left\{-\frac{1}{2\sigma^2}\sum_{i=1}^{n}\left(\beta-\frac{\sum_{i=1}^{n} y_i x_i}{\sum_{i=1}^{n} x_i^2}\right)^2 \sum_{i=1}^{n} x^2\right\} \end{aligned} \tag{1.20}$$

となる．このとき，尤度関数は次式のように表される．

$$\ell(\beta|x, y) \propto \exp\left\{-\frac{1}{2\sigma^2}\sum_{i=1}^{n}\left(\beta-\frac{\sum_{i=1}^{n} y_i x_i}{\sum_{i=1}^{n} x_i^2}\right)^2\right\} \tag{1.21}$$

R を使って，実際に尤度関数を計算しよう．ここでは，正規分布の分散を 1，β の事前情報を $\beta=0.9$ とする．また，最小二乗法では $\beta=0.865$ であることがわかっているとする．尤度関数と散布図（および最小二乗法による回帰直線）を順にプロットする（図 1.7，1.8）．

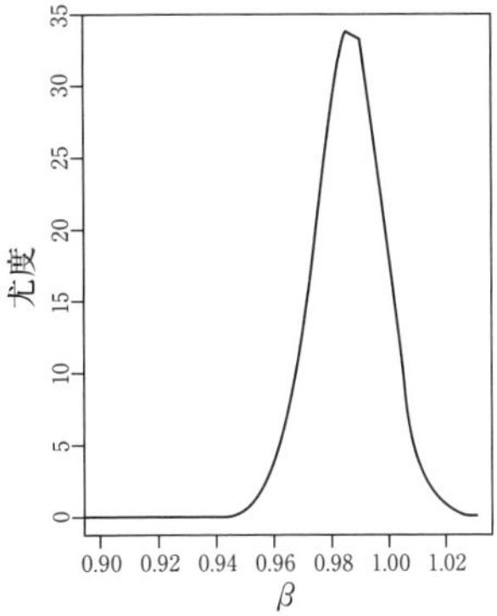

図 1.7　尤度関数の例

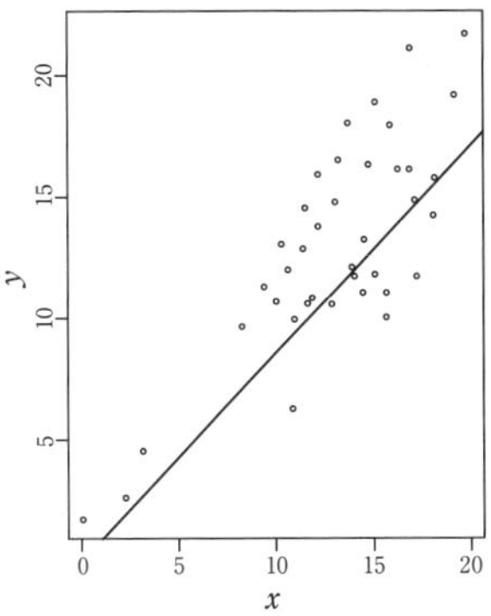

図 1.8　回帰直線の例

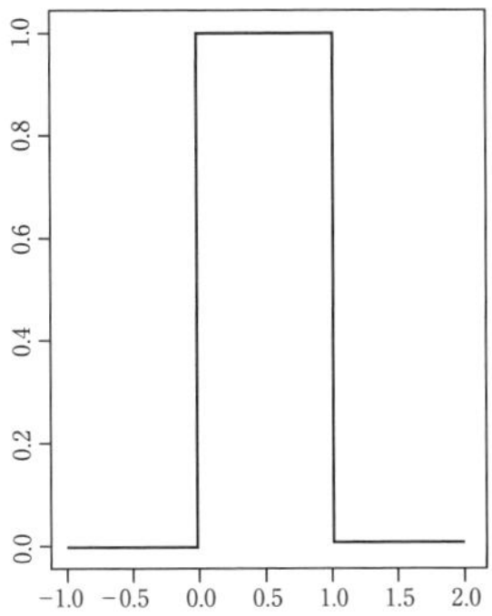

図 1.9　一様分布の例

```
beta <- 0.9;
b <- sum(y*x) / sum(x*x)
# seq(min, max, length) は区間[min, max]で length 個の数を生成
beta1 <- seq(0.62, 1.03, length=100)
# dnorm(n, m, s) は平均 m, 標準偏差 s の正規分布
plot(beta1, dnorm(beta1, b, 1/ sqrt(sum(x*x))), type="l", xlab=expression
(beta), ylab="尤度")
plot(x, y, xlab="X", ylab="Y")
curve(0.865*x, add=T)
```

最尤推定法によるアプローチでは，図 1.7 に示されたような尤度関数の尤度が最大となるようなパラメータ β を推定結果として与える.

ここで一様分布 $\boldsymbol{u}$ とは，ある区間［min, max］で同じ値をとる分布であり，次式で表される.

$$\boldsymbol{u}(a, b)=\begin{cases}\dfrac{1}{b-a}, & b \leq x \leq a \\ 0, & \text{その他}\end{cases} \tag{1.22}$$

R では，**dunif( )** 関数を用いて一様分布を計算できるが，デフォルトでは区間［0, 1］で 1 をとる一様分布が定義されている（図 1.9）.

```
# 𝓤[0, 1]
plot(dunif, -1, 2, type="l")
```

尤度関数への理解を深めるために，**ベルヌーイ試行**（Bernoulli trial）による尤度関数を計算してみよう．ベルヌーイ試行は，例えば理科の実験のように何回かの実験を繰り返して，成功と失敗の確率を検証するような状況を思い浮かべるとよい．試行の回数 n はあらかじめ指定されており，n 回の試行を通して成功（=1）または失敗（=0）のどちらかの値をとる回数 y が一定であること，またおのおのの試行が独立であることが条件である．

n 回の実験（ベルヌーイ試行）で s 回成功する確率（尤度関数）は，期待値が θ のとき，次式のような**二項分布**（binominal distribution）で表すことができる．

$$p(y|\theta, n)=\binom{n}{s}\theta^{s}(1-\theta)^{n-s} \tag{1.23}$$

ここで，$\binom{n}{s}=n!/s!(n-s)!={}_nC_s$ である．

$\theta^{a-1}(1-\theta)^{b-1}$ は次のような性質をもつ．

$$\int_0^1 \theta^{a-1}(1-\theta)^{b-1}d\theta=B(a, b) \tag{1.24}$$

$$=\frac{(a-1)!(b-1)!}{(a+b-1)!} \tag{1.25}$$

$$=\frac{\Gamma(a)\Gamma(b)}{\Gamma(a+b)} \tag{1.26}$$

$B(a, b)$ はベータ関数として知られており，ベルヌーイ尤度関数は**ベータ関数族**（beta family）と呼ばれる確率関数族のベータ関数の形となる．また $\Gamma(a)$ はガンマ関数であり，次式のように表される．

$$\Gamma(a)=\int_0^\infty x^{a-1}e^{-x}dx, \quad a>0 \tag{1.27}$$

この性質を用いて，式(1.23) を区間［0, 1］で積分することにより，事後確率は一意に得られることがわかる．

$$\int_0^1 p(y|\theta, n)\,d\theta=\int_0^1\binom{n}{s}\theta^{s}(1-\theta)^{n-s}d\theta$$

$$=\frac{n!}{s!(n-s)!}\,\frac{s!(n-s)!}{(s+1+n-s+1-1)!}$$

$$=\frac{1}{n+1} \tag{1.28}$$

1.2 節で示した 4 つのモデルと 40 個の観測データの例を再び取り上げてみよう．観測データが何も与えられていない状況下でモデルが成立する期待値が θ であるとする．40 個の観測データのうち，モデル 1 上には 12 個観測されたことから，これを 40 回の試行で 12 回データ観測に成功したというベルヌーイ試行としてとらえると，

$$p(y=12|\theta, 40)=\binom{40}{12}\theta^{12}(1-\theta)^{40-12}$$

となる．主観確率 P(モデル1)＝0.25 と等しい期待値 $\theta=0.25$ を与えたとき，モデル 1 上にデータが観測される確率は $p(y=12|\theta, 40)\cong 0.1057$ となる．同様に，モデル 2, 3, 4 上にデータが観測される確率は，それぞれ 0.1444，0.1179，0.1444 となる．

ここで，R を使って二項分布の確率密度関数を図示しよう（図 1.10）．

```
# n=40 回の試行について期待値 θ=0.25 の二項分布の確率密度関数を描く
# dbinom(x, n, θ) は区間 x , 確率 θ, 標本数 n の二項分布の確率密度関数
n <- 40; theta <- 0.25;
plot(dbinom(1:40, n, theta), type="l")
```

次に，ベータ関数を使って尤度関数を図示する（図 1.11）．

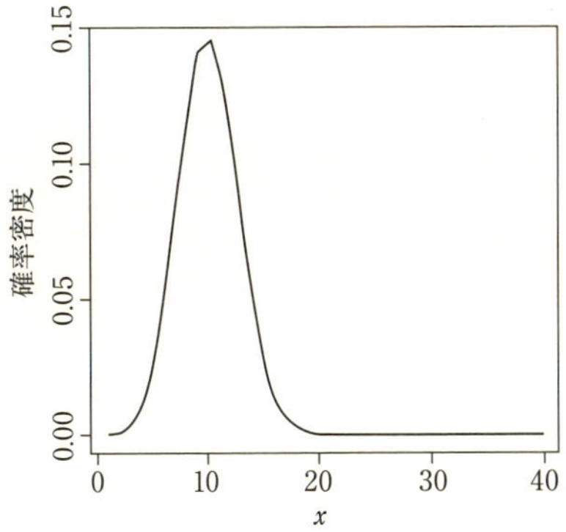

図 1.10　二項分布の例

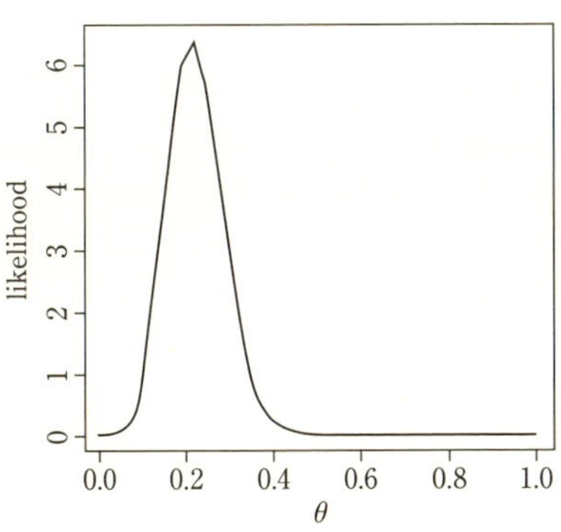

図 1.11　ベルヌーイ試行による尤度関数の例

```
s <- sum(rbinom(n, 1, theta))
plot(seq(0, 1, length=40), dbeta(seq(0, 1, length=40), s+1, n-s+1), type="l")
```

θ の尤度関数をプロットするコマンドの中で，**dbeta()** という関数を用いたが，これはベータ関数 $B(a, b)$ に関する確率密度関数を意味する．いくつかベータ関数とガンマ関数をプロットして視覚的に理解してみよう（図 1.12，1.13）．

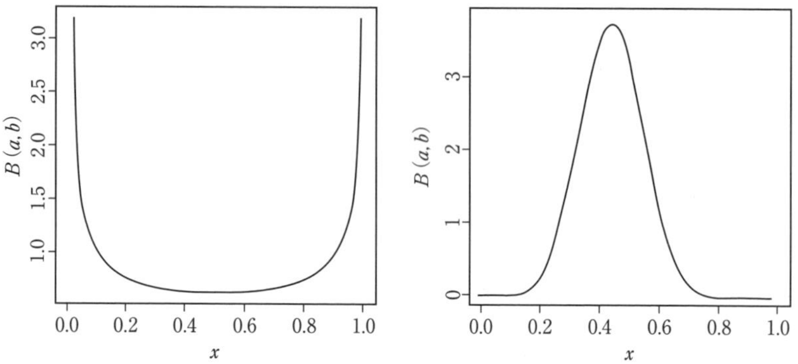

(a)　$B(0.5, 0.5)$　　(b)　$B(10, 12)$

図 1.12　ベータ関数の例

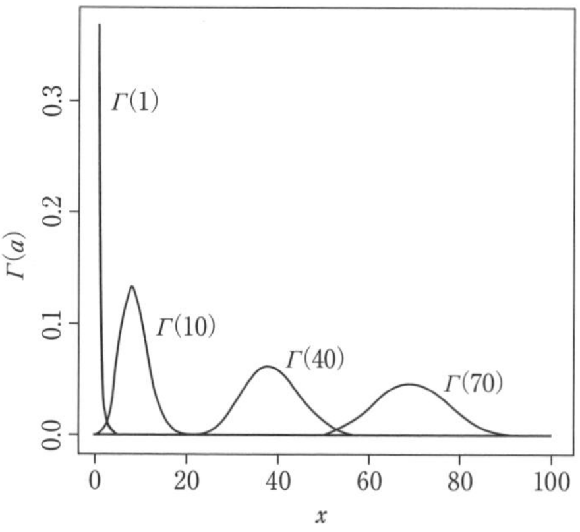

図 1.13　ガンマ関数の例

```
x <- seq(0, 1, length=100)
# dbeta(x, a, b)
plot(x, dbeta(x, 0.5, 0.5), type="l")     # B(0.5, 0.5)
plot(x, dbeta(x, 10, 12), type="l")       # B(10, 12)
# dgamma(x, a)
plot(dgamma(1:10, 1), type="l")           # Γ(1)
plot(dgamma(1:10, 10), type="l")          # Γ(10)
plot(dgamma(1:10, 40), type="l")          # Γ(40)
plot(dgamma(1:10, 70), type="l")          # Γ(70)
```

1.4 尤 度 原 理

前項の説明では，θ を n 回のベルヌーイ試行における成功回数 s に対する期待値であると述べた．40 個の観測データのうちモデル上に 12 個のデータが観測されたモデル 1 では $s=12$，$n=40$ であり，このとき θ に関する尤度関数は次式のようになる．

$$\ell_1(\theta|n=40,\ s=12)=\binom{40}{12}\theta^{12}(1-\theta)^{28}$$

この問題を別の観点から考えて，モデル 1 上に $s=12$ 個のデータが観測されるまでに，何個のデータを観測しなくてはならないのかを調べようとする場合であると想定しよう．このとき，$n-1$ 個のデータを観測して $s-1$ 個のデータがモデル上に観測される確率 $\binom{n-1}{s-1}\theta^{s-1}(1-\theta)^{n-s}$ に対して，n 個目で s 個のデータがモデル上に観測される期待値 θ を掛ければよい．すなわち，

$$p(n|\theta,\ s)=\binom{n-1}{s-1}\theta^{s}(1-\theta)^{n-s} \tag{1.29}$$

となる．これは，いわゆる**負の二項分布**（negative binomial distribution）と呼ばれる分布である．すると，θ に関する尤度関数は次式のようになる．

$$\ell_2(\theta|n=40,\ s=12)=\binom{39}{11}\theta^{12}(1-\theta)^{28}$$

実際に期待値 θ を与えるまでもなく，$\ell_1(\theta|n=40,\ s=12) \propto \ell_2(\theta|n=40,\ s=12) \propto \theta^{47}(1-\theta)^{53}$ となることがわかる．つまり，何回試行して何回成功したかという情報さえあれば（尤度が統計モデルに関するデータのすべての情報をもってい

れば)，比例関係にある尤度関数からは同じ結論が導き出される．これを**尤度原理**（likelihood principle）という．

さらに，すべての $y(\forall y \in \Omega)$ について，$p(y|\theta_a)=p(y|\theta_b)$ が成立する場合，パラメータ θ は同一でなくてはならない．またこのとき，モデル自体も同一でなくてはならない．これは尤度原理における**同一性**（identification）の性質である．現実のデータを扱う場合において，同一性が潜在的に成立しないことは，計量経済学の分野などでも早い段階から知られてきた．

尤度原理に関するもう 1 つの重要な性質が，**可換性**（exchangeability）である．これは，n 回のベルヌーイ試行において，成功する回数 s が同じであれば，成功・失敗が生じる順序がどうであれ確率 $p(y)$ は同じである，という性質を意味する．

この性質は**デ・フィネッティ**（deFinetti）**の定理**として知られている．彼は，n 回の試行に対して成功するかどうかの確率 $p(y_1, \cdots, y_n)$ が，次式で表せることを証明した．

【デ・フィネッティの定理】

$$p(y_1, \cdots, y_n)=\int_0^1 \theta^s(1-\theta)^{n-s}p(\theta)\,d\theta \tag{1.30}$$

$$y \in \{0, 1\}, \quad y=\sum_{i=1}^{n} y_i$$

かつ

$$\lim_{n\to\infty}\left(\frac{y}{n}\right)=p(\theta)$$

この交換可能性の性質が証明されていることで，尤度と事前情報が存在することが示されたといえる．これは，ベイズアプローチを使ってデータ分析をする人にはとても有利な情報である．なぜなら，頻度主義統計学のアプローチを使ってデータ分析を行うときのように，独立で同一なランダム変数を集めたのだと言い張る必要がなくなるからである．

1.5 ベイズ主義者と頻度主義者

ところで，1.1 節では 4 つのモデルに対する主観確率（事前情報）が 0.25 であるとした．これをもとに，1.2 節でベルヌーイ試行による尤度関数を考える際には，二項分布の期待値 $\theta=0.25$ として，各モデル上にデータが観測される確率（尤度関数）を求めた．

統計学で主流とされる頻度主義に基づく（古典的）統計学では，モデルが観測されたデータを十分に再現するかどうかということについて仮説検定を行う．このとき，「モデルが観測されたデータを十分に再現できない（当てずっぽうなモデルである）」という帰無仮説を立て，それに対する対立仮説を設定し，モデルによるデータの再現性を検定する．

この場合，「モデル 1 が十分に観測データを再現できない」という帰無仮説 $H_0: \theta=0.25$ およびそれと比較するための対立仮説 $H_1: \theta>0.25$ を設定し，モデル上にデータが現在観測されている個数以上に観測される確率を計算する．さらに，その確率が起こりそうもないくらい小さい値をとれば帰無仮説を棄却し，そうでなければ帰無仮説を採択する．

40 個の観測データ中，モデル上に 12 個のデータが観測されたモデル 1 に関していえば，モデル上に 12 個以上のデータが観測される確率 $p(y>12|\theta=0.25, n=40)$ を次のようにして求める．

$$
\begin{aligned}
p(y>12|0.25, 40) &= p(y=12|0.25, 40)+p(y=13|0.25, 40) \\
&\quad +\cdots+p(y=40|0.25, 40) \\
&= \binom{40}{12} 0.25^{12}(1-0.25)^{28}+\cdots \\
&\quad +\binom{40}{40} 0.25^{40}(1-0.25)^{0} \\
&\cong 0.3
\end{aligned}
$$

これは，ベルヌーイ試行に基づく p 値を計算していることに他ならない．このとき，p 値 $\cong 0.3$ は十分に小さい確率とはいえないため，帰無仮説を棄却しない（採択する）という結論に達することになる．

一方ベイズ統計では，モデル 1 について $p(\theta>0.25)\cong 0.7$ となることから，やはり帰無仮説を棄却するほど十分に高い確率ではないといえる．

頻度主義（つまり p 値を用いた）による結論と，ベイズ主義による結論は，ほとんど同じようなことをいっているように思える．しかし，ベイズ主義者によれば，p 値を用いた仮説検定は尤度原理に従っていないため，妥当ではないと考える．他方，頻度主義者によれば，ベイズ統計は主観による事前情報を用いており，事後情報（結果）も主観的であるために，結論には正当性がないと主張する．もっとも，最近のベイズアプローチでは，事前情報が結果に与える影響を緩和するためのさまざまな方法が提案されている．

前述の例でいえば，頻度主義者にとっては $\theta=0.25$ か $\theta\neq0.25$ かが重要なのであり，θ をランダムな確率値として扱うことが許せない．しかし，ベイズ主義者にとっては，θ をデータに即したランダムな確率値としてみなすことは，必ずしも θ がランダムであることを意味しないのである．

本書では，こうした頻度主義者とベイズ主義者の論争をいったん脇に置いておき，ベイズアプローチに基づくさまざまなデータ分析手法について，ときどき，頻度主義統計学を参考にしながら解説していくことにする．

なお，頻度主義者とベイズ主義者の論争の歴史については，サルツブルグ(2006) やセン(2005) が参考になる．確率・統計に基づく意志決定論については，ローゼンタール(2007) に豊富な事例が紹介されている．1.1 節のゴルフの例は，Zellner(1999) の論文も参考にした．統計データ分析に関する R コードは，垂水・飯塚(2006) や中澤(2003) をはじめ，R に関する書籍やホームページから，有益な情報が得られる．

2. ベイズ推論

すでに見てきたように，ベイズ的手法を用いたデータ分析では，何らかの事前情報確率 $p(\theta)$ を与えることにより（尤度関数などの）事後確率密度分布を計算している．その際，事前情報について何ら情報をもたないままに，当てずっぽうに事前情報確率を与えているのである．

当然のことながら，事前情報確率を $p_1(\theta)$ から $p_2(\theta)$ に変えると，θ の事後分布も変わるのだろうかという疑問がわいてくる．同様に，尤度関数を $\ell_1(y|\theta)$ から $\ell_2(y|\theta)$ に変えると θ の事後分布も変わるのだろうか．

そこで本章では，まずベイズ的手法で用いられる，主要な事前分布について紹介したのち，簡単な線形回帰モデルを例にあげて，事前分布の与え方の違いが事後分布に与える影響を計算してみよう．

2.1 事前分布

2.1.1 自然共役事前分布

そもそも，事前分布を適当につくって事後分布を計算する方法は効率的であるとはいえず，事後分布の解釈にも困る．ある密度関数族から事前情報を選び，それが尤度関数を乗じて得られる事後分布と同じ分布をもつ密度関数族であれば，便利である．このような事前分布を**自然共役事前分布**（natural conjugate prior distribution）と呼ぶ．

1.5節でベルヌーイ試行を例に尤度原理を説明したので，まずベルヌーイ尤度関数を用いて説明しよう．n 回の試行に対して s 回成功することがわかっているとき，ベルヌーイ尤度関数は $\ell(y|\theta)\propto\theta^s(1-\theta)^{n-s}$ となる（ただし，$0\leq\theta\leq1$ かつ $n>s>0$ ）．すでに述べたように，ベルヌーイ尤度関数はベータ関数族である．

いま，事前分布として適当に $p(\theta) \propto \theta^{a-1}(1-\theta)^{b-1}$（$a>1$ かつ $b>1$）を与えると，θ に対する事後分布は，

$$
\begin{aligned}
p(\theta|y) &\propto \ell(y|\theta)p(\theta) \\
&\propto \theta^{s}(1-\theta)^{n-s}\theta^{a-1}(1-\theta)^{b-1} \\
&\propto \theta^{s+a-1}(1-\theta)^{n-s+b-1} \\
&\propto B(s+a, n-s+b)
\end{aligned}
\tag{2.1}
$$

となり，ベータ関数族に属する．ベルヌーイ試行に関する事前分布も事後分布もベータ関数族であることから，ベルヌーイ試行に関する自然共役事前分布はベータ関数である．

ランダムな変数 θ に対して，$\int k \cdot g(\theta)d\theta=1$ となるような定数 k が存在するとき，$g(\theta)$ を**関数の核**（kernel）と呼ぶ．ベータ関数族に対しての核は，事前分布として適当に与えたベータ関数 $\theta^{a-1}(1-\theta)^{b-1}$ である．このとき定数 k に相当するのはガンマ関数である．

ガンマ関数族も，自然共役事前分布として知られている．ある事象 y が平均 θ^{-1} の互いに独立な指数分布 $\theta\exp\{-\theta y\}$ に従い，θ の事前情報がガンマ分布 $\Gamma(\alpha, \beta)$ に従うとする．このとき，指数分布に従う尤度関数は $\ell(y|\theta) \propto \prod_{i=1}^{n}\theta\exp\{-\theta y_i\} \propto \theta^n \exp\{-n\bar{y}\theta\}$ であることから，事後分布は以下のようになる．

$$
\begin{aligned}
p(\theta|y) &\propto \ell(y|\theta)p(\theta) \\
&\propto \theta^n \exp\{-n\bar{y}\theta\}\Gamma(\alpha, \beta) \\
&\propto \theta^n \exp\{-n\bar{y}\theta\}\theta^{\alpha-1}\exp\{-\theta\beta^{-1}\} \\
&\propto \theta^{n+\alpha-1}\exp\{-(n\bar{y}+\beta^{-1})\theta\} \\
&\propto \theta^{\alpha-1}\exp\{-\theta/\beta\} \\
&\propto \Gamma(\alpha, \beta)
\end{aligned}
\tag{2.2}
$$

したがって，事後分布はガンマ分布 $\Gamma(\alpha, \beta)$ に従う．

最後に，ポアソン分布族が自然共役事前分布であることも示そう．ポアソン分布は，一年間の自動車事故や感染症での死亡などのように，事象が発生する確率が非常に低い（発生回数がおおむね 5 以下と非常に少ない）が，その試行回数が非常に多く，互いに独立に発生するような，ポアソン過程を表現する分布である．またポアソン分布は，0 を含む自然数 $y=0, 1, 2, \cdots$ に対して $p(y|\theta)=\theta^y\exp\{-\theta\}/y!$ となる分布である．

尤度関数が平均 θ のポアソン分布に従うとき，尤度関数は $\ell(y|\theta) \propto \prod_{i=1}^{n} \theta^{y_i} \exp\{-\theta\}/y_i! \propto \theta^{n\bar{y}} \exp\{-n\theta\}/\prod_{i=1}^{n} y_i!$ となる．事前情報がガンマ分布 $\Gamma(\alpha, \beta)$ に従うとき，事後分布も次式からガンマ分布 $\Gamma(\alpha, \beta)$ に従うことがわかる．

$$\begin{aligned} p(\theta|y) &\propto \ell(y|\theta) p(\theta) \\ &\propto \theta^{n\bar{y}} \exp\{-n\theta\} \Big/ \prod_{i=1}^{n} y_i! \theta^{\alpha-1} \exp\{-\theta\beta^{-1}\} \\ &\propto \theta^{n\bar{y}} \exp\{-n\theta\} \theta^{\alpha-1} \exp\{-\theta\beta^{-1}\} \\ &\propto \theta^{n\bar{y}+\alpha-1} \exp\{-(n+\beta^{-1})\theta\} \\ &\propto \theta^{\alpha-1} \exp\{-\theta/\beta\} \\ &\propto \Gamma(\alpha, \beta) \end{aligned} \tag{2.3}$$

2.1.2 非正則事前分布

θ に対する確率分布を，標本分布 Θ に関して積分しても収束しない場合，θ は**非正則事前分布**（improper prior distribution）という．例えば，次のような一様分布は非正則事前分布という．

$$p(\theta) = \begin{cases} \dfrac{1}{a-b}, & a \leq \theta \leq b \\ 0, & \text{その他} \end{cases} \tag{2.4}$$

このような非正則事前分布は，ベイズ推論を応用する際にしばしば用いられる．

事前分布が非正則かどうかは，正則な事後分布を導くうえで重要ではない．なぜなら，事後分布は尤度関数と事前情報とを乗じて計算するため，事前情報が非正則であっても事後分布が正則であることは十分にありうるからである．

一例として，尤度関数が平均 θ，分散 σ^2 の正規分布で表せる場合を考えてみよう（式(2.5)）．後述するようにこのケースは，誤差項が正規分布に従うと仮定する線形回帰モデルを推定する際に，しばしば用いられる．

$$\begin{aligned} \ell(y|\theta) &\propto \prod_{i=1}^{n} \exp\left\{-\left(\frac{1}{2a^2}\right)(y_i-\theta)^2\right\} \\ &= \exp\left\{-\left(\frac{1}{2a^2}\right)\sum_{i=1}^{n}(y_i-\theta)^2\right\} \end{aligned} \tag{2.5}$$

ここで，

$$\sum_{i=1}^{n}(y_i-\theta)^2 = \sum_{i=1}^{n}(y_i-\bar{y}+\bar{y}-\theta)^2$$

$$=\sum_{i=1}^{n}(y_i-\bar{y})^2+\sum_{i=1}^{n}(\bar{y}-\theta)^2 \tag{2.6}$$

であることから，

$$\ell(y|\theta)\propto\exp\left\{-\left(\frac{n}{2a^2}\right)(\theta-\bar{y})^2\right\} \tag{2.7}$$

となる．これは，尤度関数が平均 $\bar{y}$，分散 σ^2/n の正規分布に従うことを意味する．

このような尤度関数から得られる，正数 n，平均 $\bar{y}$ の確率密度関数は，適切な事後分布であるといえる．例えば，式(2.7) の尤度関数 $\ell(y|\theta)$ に一様分布に従う事前情報 $p(\theta)$ を乗じても，得られる事後分布は正則である．

非正則事前分布はまた，正則事前分布の近似とみなすことができる．

上述の尤度関数に，平均 μ_0，分散 σ_0^2 の正規分布に従う事前分布を乗じると，以下のような事後分布が得られる．

$$p(\theta|y)\propto\exp\left\{-\left(\frac{n}{2\sigma^2}\right)(\theta-\bar{y})^2\right\}\exp\left\{-\left(\frac{1}{2\sigma_0^2}\right)(\theta-\mu_0)^2\right\}$$

$$\propto\exp\left\{-\left(\frac{1}{2\sigma_1^2}\right)(\theta-\mu_1)^2\right\} \tag{2.8}$$

ここで，$\mu_1=\dfrac{(1/\sigma_0^2)\mu_0+(n/\sigma^2)\bar{y}}{1/\sigma_0^2+n/\sigma^2}$ および $1/\sigma_1^2=1/\sigma_0^2+n/\sigma^2$ である．

σ_0^2 が 0 に近づき n の値が変化しない場合，事前分布 $\exp\{-(1/2\sigma_0^2)(\theta-\mu_0)^2\}$ は定数に近づき，事後分布の平均 $\bar{\theta}$ は $\bar{y}$ に，事後分布の分散は σ^2/n（つまり定数）に近づく．したがってこの場合，事前分布は一様分布となる．さらに，$\sigma_0^2=\sigma^2$ のときには，事前分布は μ_0 の一様分布となる．

事前分布が一様分布であってもよいという点は，ベイズ的手法を適用するうえで非常に便利である．頻度主義統計学でしばしば用いられている最小二乗法や最尤推定法は，事前分布に一様分布を与えた場合のベイズ的手法の1つとみなすこともできる．

事後分布は尤度関数と事前分布との積で計算されることから，事前分布に 0 という確率分布を与えた場合，事後分布は必ず 0 となる．また，一様分布するような事前情報に 0 となる尤度関数を乗じても，事後分布は 0 であるため，事前情報はほとんど無視できる．すでに 1.3.2 項での計算事例で視覚的に把握できたように，事前情報が一様分布する場合には，尤度関数はほとんど無視できるといってよい．

ところで，線形回帰モデルを推定する際には，しばしば誤差項 ε を，平均 θ が既知で分散 σ^2 が未知であるような正規分布に従う $\varepsilon \sim \mathcal{N}(\theta, \sigma^2)$ と仮定することがある．すると尤度関数は，

$$\ell(y|\sigma^2) \propto \prod_{i=1}^{n} \exp\left\{-\left(\frac{1}{2\sigma^2}\right)(y_i-\theta)^2\right\}$$
$$=(\sigma^2)^{-n/2} \exp\left\{-\left(\frac{1}{2\sigma^2}\right)\sum_{i=1}^{n}(y_i-\theta)^2\right\} \tag{2.9}$$

と表すことができる．

ここで，$a=n/2-1$，$b=(1/2)\sum_{i=1}^{n}(y_i-\theta)^2$ と置き換えると，σ^2 の共役事前分布は逆ガンマ分布に従う $\sigma^2 \sim \mathcal{IG}(a, b)$（$\sigma^{-2}$ がガンマ分布に従う $\sigma^{-2} \sim \mathcal{G}(a, b)$）ことがわかる．

$$p(\sigma^2)=(\sigma^2)^{-n/2} \exp\left\{-\left(\frac{1}{2\sigma^2}\right)\sum_{i=1}^{n}(y_i-\theta)^2\right\}$$
$$\propto (\sigma^2)^{-a-1} \exp\{-b(\sigma^2)^{-1}\} \tag{2.10}$$

逆ガンマ関数 $\Gamma^{-1}(a, b)$ は，平均 $b/(a-1)$，$a>1$，分散 $b^2/(a-1)^2(b-1)$，$a>2$，$b>1$ という性質をもつ．この逆ガンマ分布の確率密度関数は，ベイズアプローチを用いて線形回帰モデルを推定する際に，非常に重要な役割を果たすことになる．

逆ガンマ関数のパラメータ a, b は天下り的に与えてもよいが，逆ガンマ関数の特殊形である逆 χ^2 関数（χ^2 分布はガンマ分布の特殊形でもある）を用いて与えることがある．σ^2 の自由度が v であるとき，$a=v/2$，$b=1/2$ とする．またこのとき，σ^2 の逆 χ^2 関数は平均 $1/(v-2)$，$v>2$，分散 $2/(v-2)^2(v-4)$，$v>4$ である．

R ではライブラリ **MCMCpack** を呼び出すと，逆ガンマ関数を定義しなくても計算できる（図 2.1）．

```
library(MCMCpack)
# dinvgamma(n, alpha, beta)
plot(dinvgamma(1:100, 0.1, 5), type="l")
```

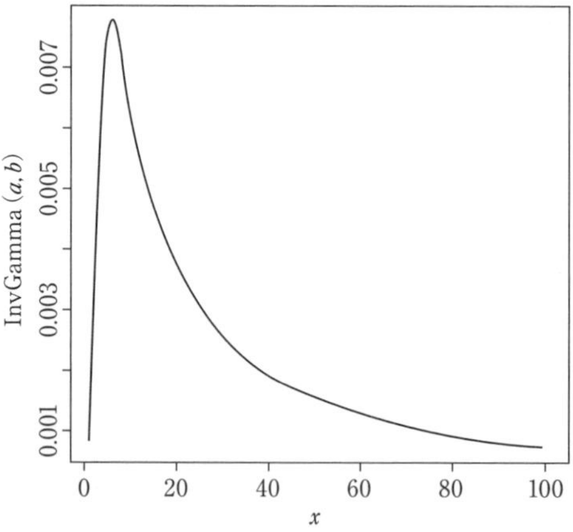

図 2.1　逆ガンマ関数 $\Gamma^{-1}(0.1, 5.0)$ の確率密度関数

2.1.3　ジェフリーズの事前分布

自然共役事前分布や，後述するゼルナーの G 事前分布などとは異なり，未知パラメータ θ の集合 Θ に関する事前分布の情報なしで，事後分布を計算する方法も提案されている．その代表的な事前分布が**ジェフリーズの事前分布**（Jeffreys' prior distribution）あるいは，**ジェフリーズの無情報事前分布**（Jeffreys' noninformative prior distribution）と呼ばれる事前分布である (Jeffreys, 1961)．

この方法では，対数尤度関数 $\log \ell(\theta|y)$ に関する 2 階微分の期待値 E を計算することで得られる，次式(2.11) で表されるような情報量を事前情報として採用する（Lancaster, 2006)．

$$p(\theta) \propto \mathrm{E}\left[\left(\frac{\partial \log \ell(\theta)}{\partial \theta}\right)^2\right] = -\mathrm{E}\left[\frac{\partial^2 \log \ell(\theta)}{\partial \theta^2}\right] \tag{2.11}$$

事前分布 $p(y|\sigma)$ が平均 0，分散 σ^2 の互いに独立な n 個の正規分布の確率密度関数であるとする．このとき，σ に対する対数尤度関数 $\ell(\sigma)$ は，

$$\ell(\sigma) = \sigma^{-n} \exp\left\{-\sum_{i=1}^{n} \frac{y_i}{2\sigma^2}\right\} \tag{2.12}$$

と表せる．両辺の対数をとると，

$$\log \ell(\sigma) = -n \log(\sigma) - \sum_{i=1}^{n} \frac{y_i}{2\sigma^2} \tag{2.13}$$

となる．この対数式を2階微分することによって次式が得られる．

$$\frac{\partial^2 \log \ell(\sigma)}{\partial \sigma^2}=\left(\frac{n}{\sigma^2}\right)-3\sum_{i=1}^{n}\frac{y_i}{\sigma^4} \tag{2.14}$$

σ^2 の期待値は y^2 であることから，σ に対するジェフリーズの事前分布は $1/\sigma$ に比例する．

ここで，$\tau=1/\sigma^2$ とすると，τ の対数尤度関数は $\log \ell(\tau)=(n/2)\log(\tau)-\tau\sum_{i=1}^{n} y_i/2$ となる．対数尤度関数を2階微分することにより，τ に対するジェフリーズの事前分布は $1/\tau$ に比例することがわかる．このとき σ に関する事後分布は次式のようになる．

$$p(\sigma|y)\propto\sigma^{-(n+1)}\exp\left\{-\sum_{i=1}^{n}\frac{y_i}{2\sigma^2}\right\} \tag{2.15}$$

同様に，τ に関する事後分布は次式のようになる．

$$p(\tau|y)\propto\tau^{(n/2)-1}\exp\left\{-\tau\sum_{i=1}^{n}\frac{y_i}{2}\right\} \tag{2.16}$$

$\tau=\sigma^{-2}$ と置き換えることにより，以下のような事後分布が得られる．

$$\begin{aligned}p(\sigma|y)&\propto\sigma^{-n+2}\exp\left\{-\sum_{i=1}^{n}\frac{y_i}{2\sigma^2}\right\}\left|-\frac{2}{\sigma^3}\right|\\&\propto\sigma^{-(n+1)}\exp\left\{-\sum_{i=1}^{n}\frac{y_i}{2\sigma^2}\right\}\end{aligned} \tag{2.17}$$

ベイズ的手法を用いたデータ分析では，ベルヌーイ試行に対するジェフリーズの事前分布が適用されることが少なくないため，ベルヌーイ試行についてジェフリーズの事前分布を考えてみよう．すでに見てきたように，n 回のベルヌーイ試行に対する尤度関数は $\ell(\sigma|y)\propto\theta^s(1-\theta)^{n-s}$ と表せる．このとき，

$$\log \ell(\theta)=s\log\theta+(n-s)\log(1-\theta) \tag{2.18}$$

$$\frac{\partial \log \ell(\theta)}{\partial\theta}=\frac{s}{\theta}-\frac{n-s}{1-\theta} \tag{2.19}$$

$$\frac{\partial^2 \log \ell(\theta)}{\partial\theta^2}=-\frac{s}{\theta^2}-\frac{n-s}{(1-\theta)^2} \tag{2.20}$$

となる．

$E(s|\theta,n)=n\theta$ かつ $n/\theta+n/(1-\theta)=n/\theta(1-\theta)$ であることから，ジェフリーズの事前情報は，

$$p(\theta)\propto\frac{1}{\sqrt{\theta(1-\theta)}}=\theta^{-1/2}(1-\theta)^{-1/2} \tag{2.21}$$

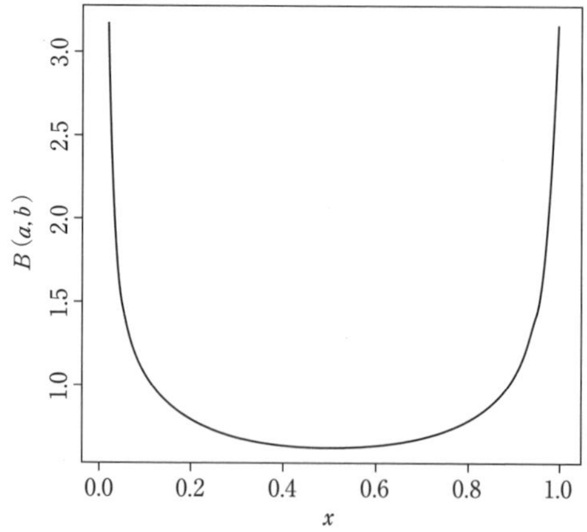

図 2.2 ベータ関数 $B(0.5, 0.5)$ の確率密度関数

となる．これは，ベータ関数 $B(0.5, 0.5)$ の確率密度関数であり，正則分布でもある．このような場合は，ジェフリーズの事前情報が正則となるまれなケースでもある．

ベータ関数 $B(0.5, 0.5)$ を再度図示してみよう（図 2.2）．

```
x <- seq(0, 1, length=100)
plot(x, dbeta(x, 0.5, 0.5), type="l")
```

次に，平均 θ，分散 θ^2 の互いに独立な指数分布 $\theta^{-1}\exp\{-y\theta^{-1}\}$ に従う事象 y を取り上げよう（2.1.1 項では平均を θ^{-1} としたことに注意）．

尤度関数が指数分布のとき，$\ell(\theta|y) \propto \theta^{-n}\exp\{-n\bar{y}\theta^{-1}\}$ であることから，対数尤度関数は $\log \ell(\theta|y) \propto -n\log(\theta) - n\bar{y}\theta^{-1}$ となる．この対数尤度関数のヘシアンは以下のようになる．

$$\frac{\partial \log \ell(\theta)}{\partial \theta} = -\frac{n}{\theta} + \frac{n\bar{y}}{\theta^2} \tag{2.22}$$

$$\frac{\partial^2 \log \ell(\theta)}{\partial \theta^2} = \frac{n}{\theta^2} - \frac{2n\bar{y}}{\theta^3} \tag{2.23}$$

ここで，$\bar{y} = \theta$ であることから，

$$\frac{\partial^2 \log \ell(\theta)}{\partial \theta^2} \propto \frac{n}{\theta^2} - \frac{2n\theta}{\theta^3} \propto \frac{n}{\theta^2} \tag{2.24}$$

である．したがって，指数分布に対するジェフリーズの事前情報は，式(2.24)の期待値を計算することにより，

$$p(\theta) \propto \theta^{-1} \tag{2.25}$$

となる．

最後に，尤度関数が平均 θ のポアソン分布に従うときのジェフリーズの事前情報を示そう．このとき，尤度関数は $\boldsymbol{\ell}(\theta|y) \propto \theta^{n\bar{y}} \exp\{-n\theta\}$，対数尤度関数は $\log \boldsymbol{\ell}(\theta|y) \propto n\bar{y} \log \theta - n\theta$ である．この対数尤度関数のヘシアンは，次のようになる．

$$\frac{\partial \log \boldsymbol{\ell}(\theta)}{\partial \theta} = \frac{n\bar{y}}{\theta} - n \tag{2.26}$$

$$\frac{\partial^2 \log \boldsymbol{\ell}(\theta)}{\partial \theta^2} = \frac{n}{\theta^2} \tag{2.27}$$

$\bar{y} = \theta$ であることから，

$$\frac{\partial^2 \log \boldsymbol{\ell}(\theta)}{\partial \theta^2} \propto \frac{n}{\theta} \tag{2.28}$$

したがって，ポアソン分布に対するジェフリーズの事前情報は，

$$p(\theta) \propto \theta^{-1/2} \tag{2.29}$$

となる．

2.1.4 階層事前分布

回帰モデルなどを扱う際，事前情報を階層的に考えた方がよい場合がある．例えば，y_i $(i=1,\cdots,n)$ に対して未知パラメータ θ_i を標本 i ごとに推定する階層モデル（第5章）などがその例である．このようなモデルは，尤度関数が $p(y_i|\theta_i)$ となることから，θ の確率分布を何らかの方法で与える必要がある．

θ が（ベータ分布や指数分布などの）共役事前分布であるとして，θ を**超パラメータ**（hyper parameter）λ が与えられた条件付き確率分布 $p(\theta|\lambda)$ であるとする．尤度原理における可換性の性質を用いれば，条件付き確率分布 $p(\theta|\lambda)$ の最も単純な形式は，事前分布 $p(\tau|\theta)$ を順番に（階層的に）選ぶことにより，次式のように表すことができる．

$$p(\theta|\lambda) = \prod_{i=1}^{n} p(\theta_i|\lambda) \tag{2.30}$$

いま，θ の確率分布が，超パラメータ $\lambda = (a, b)$ で与えられるガンマ分布に従うとする．

$$\Gamma(a,b)=\int_0^{\infty}\theta^a e^{-b\theta}d\theta,\quad a>0,b>0 \tag{2.31}$$

このとき，式(2.30) は次式のように表される．

$$p(\theta|\lambda)\propto\prod_{i=1}^{n}\theta_i^{a-1}e^{-b\theta_i} \tag{2.32}$$

すると尤度関数は，

$$\ell(y|\theta,\lambda)\propto\prod_{i=1}^{n}\theta_i^{1/2}\exp\left\{-\frac{y_i^2\theta_i}{2}\right\} \tag{2.33}$$

となり，事後分布は以下のように展開できる．

$$\begin{aligned} p(\theta,\lambda|y) &= \ell(y|\theta,\lambda)p(\theta|\lambda)p(\lambda)\\ &= \prod_{i=1}^{n}\theta_i^{1/2}\exp\left\{-\frac{y_i^2\theta_i}{2}\right\}\prod_{i=1}^{n}\theta_i^{a-1}e^{-b\theta_i}p(\lambda)\\ &= \prod_{i=1}^{n}\theta_i^{a+1}\exp\left\{-\theta_i\left(b+\frac{y_i^2}{2}\right)\right\}p(\lambda) \end{aligned} \tag{2.34}$$

このように，階層的に与えられる事前分布 $p(\lambda)$ を**階層事前分布**（hierarchical prior distribution）という．

2.2 線形回帰モデルに対する事前分布と事後分布

2.2.1 線形回帰モデルのベイズ推定

回帰モデルなどにベイズ的手法を適用することを考えれば，多次元パラメータについて事前分布をどのように設定するかも重要な関心事項となる．ここでは，単純な線形回帰モデルを用いて事前分布を考えることにする．

新たに，次式のような線形回帰モデル（重回帰モデル）を取り上げる．

$$\boldsymbol{y}=X\beta+\varepsilon,\ \varepsilon\sim\mathcal{N}(0,\sigma^2) \tag{2.35}$$

$$y_i=\beta_0+\beta_1x_{i1}+\cdots+\beta_kx_{ik}+\varepsilon_i$$

$$\boldsymbol{y}=(y_1,\cdots,y_i,\cdots,y_n)^{\top}$$

$$X=\begin{pmatrix}\boldsymbol{x}_1\\ \vdots\\ \boldsymbol{x}_i\\ \vdots\\ \boldsymbol{x}_n\end{pmatrix}=\begin{pmatrix}1 & x_{11} & \cdots & x_{1k}\\ \vdots & \vdots & \vdots & \vdots\\ 1 & x_{i1} & \cdots & x_{ik}\\ \vdots & \vdots & \vdots & \vdots\\ 1 & x_{n1} & \cdots & x_{nk}\end{pmatrix}$$

$$\beta=(\beta_0,\cdots,\beta_k),\ \varepsilon=(\varepsilon_1,\cdots,\varepsilon_n)^{\top}$$

ここで，n は標本数，k は定数項を除く説明変数の数を意味する．誤差項 ε は，平均 0，分散 σ^2 の正規分布に従う．

ベイズ推論の視点から重要なのは，誤差項の平均が既知で分散が未知の正規分布を用いて，パラメータを推定している，という点である．

一例として，R の組み込みデータである **swiss**（スイスの 1888 年の社会経済データ）を使って分析を行おう．この組み込みデータには，出生力，男性の農業従事割合，教育水準，カソリックの割合，乳児死亡率などが地域ごとに示されている．

```
data(swiss)
summary(swiss)
# lm(被説明変数～説明変数, data=データ名)
# . はその他のデータを省略することを意味する
summary(lm(Fertility~., data=swiss))
```

最小二乗法による推定結果は以下のようになる．

```
> summary(lm(Fertility~., data=swiss))
Call:
lm(formula=Fertility~., data=swiss)
Residuals:
     Min       1Q   Median      3Q     Max
-15.2743  -5.2617   0.5032  4.1198  15.3213
Coefficients:
                  Estimate  Std. Error  t value  Pr(>|t|)
(Intercept)       66.91518    10.70604    6.250  1.91e-07 ***
Agriculture       -0.17211     0.07030   -2.448   0.01873 *
Examination       -0.25801     0.25388   -1.016   0.31546
Education         -0.87094     0.18303   -4.758  2.43e-05 ***
Catholic           0.10412     0.03526    2.953   0.00519 **
Infant.Mortality   1.07705     0.38172    2.822   0.00734 **
---
Signif. codes: 0'***'0.001'**'0.01'*'0.05'.'0.1''1
```

```
Residual standard error: 7.165 on 41 degrees of freedom
Multiple R-Squared: 0.7067, Adjusted R-squared: 0.671
F-statistic: 19.76 on 5 and 41 DF, p-value: 5.594e-10
```

推定結果は，自由度修正済みR^2値が 0.671 であり，説明変数については，Examination 以外はt値が 5% 水準で統計的に有意であることを示している．またモデル全体のp値は 5.594e-10（e-10 は 10^{-10}を意味する）と非常に小さい．

ここで，

$$\boldsymbol{y}|\beta, \sigma^2, X \sim \mathcal{N}(X\beta, \sigma^2) \tag{2.36}$$

であるから，$\boldsymbol{y}$の期待値と分散は次式のように表すことができる．

$$\mathbb{E}[\boldsymbol{y}|\beta, X] = \beta_0 + \beta_1 x_{i1} + \cdots + \beta_n x_{in}, \quad \mathbb{V}(\boldsymbol{y}|\sigma^2, X) = \sigma^2 \tag{2.37}$$

また，$\boldsymbol{y}$とXが与えられたときの尤度関数$\boldsymbol{\ell}(\beta, \sigma^2|\boldsymbol{y}, X)$は，

$$\begin{aligned}\boldsymbol{\ell}(\beta, \sigma^2|y, X) &= -\frac{1}{\sqrt{2\pi\sigma^2}} \exp\left\{-\frac{1}{2\sigma^2}(\boldsymbol{y}-X\beta)^\top(\boldsymbol{y}-X\beta)\right\} \\ &= -\frac{1}{\sqrt{2\pi\sigma^2}} \exp\left\{-\frac{1}{2\sigma^2}\sum_{i=1}^{n}(y_i-\beta_0-\beta_1 x_{i1}-\cdots-\beta_n x_{in})^2\right\} \end{aligned} \tag{2.38}$$

となる．この尤度関数を最大にするβは，以下の最小二乗問題を解くことで得られる（Martin and Robert, 2007）．

$$\min_\beta (y-X\beta)^\top(\boldsymbol{y}-X\beta) = \min_\beta \sum_{i=1}^{n}(y_i-\beta_0-\beta_1 x_{i1}-\cdots-\beta_n x_{in})^2 \tag{2.39}$$

βの不偏推定量$\hat{\beta}$と不偏分散$\mathbb{V}$は，それぞれ以下のようになる．

$$\hat{\beta} = (X^\top X)^{-1} X^\top \boldsymbol{y} \tag{2.40}$$

$$\mathbb{V}(\boldsymbol{y}\hat{\beta}|\sigma^2, X) = \sigma^2 (X^\top X)^{-1} \tag{2.41}$$

またσ^2の不偏推定量$\hat{\sigma}^2(=s^2)$は，次式のように表される．

$$\hat{\sigma}^2 = s^2 = (\boldsymbol{y}-X\beta)^\top(\boldsymbol{y}-X\beta) \tag{2.42}$$

上述の組み込みデータ **swiss** を用いて，R で$\hat{\beta}$を計算すると，$(X^\top X)\hat{\beta} = X^\top \boldsymbol{y}$を解くことにより$\hat{\beta}$が得られる．

```
k <- ncol(swiss)
y <- swiss[, 1]
X <- cbind(1, as.matrix(swiss[, 2:k]))
n <- nrow(X)
k <- ncol(X)
```

```
# βの不偏推定量 β̂
# solve()は逆行列を計算する
betahat <- solve(t(X)%*%(X))%*%t(X)%*%y
betahat
# σ²の不偏推定量 σ̂²
S2=t(y-X%*%betahat)%*%(y-X%*%betahat)
sig2hat <- S2/(n-k)
sig2hat
# β̂の分散
diag(as.real(sig2hat)*solve(t(X)%*%X))
```

betahatの結果は，上述のモデルパラメータの推定結果と一致している．

ここで，次式より

$$
\begin{aligned}
(\boldsymbol{y}-X\hat{\beta})^{\top}X(\beta-\hat{\beta}) &= y^{\top}(I_n-X(X^{\top}X)^{-1}X^{\top})X(\beta-\hat{\beta}) \\
&= y^{\top}(X-X)(\beta-\hat{\beta}) \\
&= 0
\end{aligned}
\tag{2.43}
$$

を，式(2.38) に代入することにより，上述の尤度関数は，次式のように変形できる．

$$
\begin{aligned}
\boldsymbol{\ell}(\beta,\sigma^2|y,X) = -\frac{1}{\sqrt{2\pi}\,\sigma^2}\exp\Bigl\{&-\frac{1}{2\sigma^2}(\boldsymbol{y}-X\hat{\beta})^{\top}(\boldsymbol{y}-X\hat{\beta}) \\
&-\frac{1}{2\sigma^2}(\beta-\hat{\beta})^{\top}(X^{\top}X)(\beta-\hat{\beta})\Bigr\}
\end{aligned}
\tag{2.44}
$$

この尤度関数は，σ^2 に関する逆ガンマ関数 Γ^{-1}（$\mathcal{IG}$ と書くこともある）である．

$$
\begin{aligned}
\Gamma^{-1}(a,b) &= \frac{b^a}{\Gamma(a)}(\sigma^2)^{-a-1}\exp\{-b(\sigma^2)^{-1}\} \\
&\propto (\sigma^2)^{-a-1}\exp\{-b(\sigma^2)^{-1}\}
\end{aligned}
\tag{2.45}
$$

特に，σ^2 が与えられた下での β はガウス型関数，X が与えられた下での σ^2 は逆ガンマ関数であり，共役事前情報もこれらの関数族によってつくられる．

2.2.2 事後分布の要約方法

σ^2 と X が与えられたときの β の**条件付き事前情報**（conditional prior）と，X が与えられたときの σ^2 の**条件付き周辺事前情報**（marginal prior）は，それぞれ以下のようになる．

$$\beta|\sigma^2, X \sim \mathcal{N}(\tilde{\beta}, \sigma^2 M^{-1}) \tag{2.46}$$

$$\sigma^2|X \sim \mathcal{IG}(a, b), \quad a>0, b>0 \tag{2.47}$$

ここで，M は $k\times k$ の正定値対称行列，$\mathcal{IG}$ は逆ガンマ関数 Γ^{-1}，a と b は適当な正値である．R では，M は **diag( )** 関数を用いて定義づけることができる．

```
M <- diag(k)
```

これらの共役事前情報を用いれば，未知パラメータ β と σ^2 に関する事後情報の確率分布を意味する事後分布 $p(\beta|\sigma^2, \boldsymbol{y}, X)$ および $p(\sigma^2|\boldsymbol{y}, X)$ を，それぞれ以下のように表すことができる．

$$p(\beta|\sigma^2, \boldsymbol{y}, X) \sim \mathcal{N}((M+X^\top X)^{-1}((X^\top X)\hat{\beta}+M\tilde{\beta}), \sigma^2(M+X^\top X)^{-1}) \tag{2.48}$$

$$p(\sigma^2|\boldsymbol{y}, X) \sim \mathcal{IG}\left(\frac{n+2a}{2}, \frac{2b+s^2+(\tilde{\beta}-\hat{\beta})^\top(M^{-1}+(X^\top X)^{-1})^{-1}(\tilde{\beta}-\hat{\beta})}{2}\right) \tag{2.49}$$

このとき，β と σ^2 のベイズ推定量として，β と σ^2 の事後分布の平均値（事後平均）を使うことができる．β と σ^2 の事後平均 $\mathbb{E}[\beta|\boldsymbol{y}, X]$ および $\mathbb{E}[\sigma^2|\boldsymbol{y}, X]$ は，それぞれ，

$$\begin{aligned}\mathbb{E}[(\beta|\boldsymbol{y}, X] &= \mathbb{E}[\mathbb{E}[\beta|\sigma^2, \boldsymbol{y}, X]|\boldsymbol{y}, X] \\ &= (M+X^\top X)^{-1}((X^\top X)\hat{\beta}+M\tilde{\beta})\end{aligned} \tag{2.50}$$

$$\mathbb{E}[\sigma^2|\boldsymbol{y}, X] = \frac{2b+s^2+(\tilde{\beta}-\hat{\beta})^\top(M^{-1}+(X^\top X)^{-1})^{-1}(\tilde{\beta}-\hat{\beta})}{n+2a-2}, \quad n\geq 2 \tag{2.51}$$

となる．また事後分散 $\mathbb{V}(\beta|\boldsymbol{y}, X)$ は，次式のように表すことができる．

$$\mathbb{V}(\beta|\boldsymbol{y}, X) = \frac{2b+s^2+(\tilde{\beta}-\hat{\beta})^\top(M^{-1}+(X^\top X)^{-1})^{-1}(\tilde{\beta}-\hat{\beta})}{n+2a-2}(M^{-1}+(X^\top X)^{-1})^{-1} \tag{2.52}$$

いま，われわれは $\tilde{\beta}, M, a, b$ について，何の情報ももっていない．

そこで，$a=2.1$，$b=2$ とし，σ^2 に関する事前平均と事前分散を，それぞれ $2/2.1-1\cong 1.82$ および $2^2/(2.1-2)^2(2.1-2)\cong 33.06$ とする（Martin and Robert, 2007 を参照）．また，$\tilde{\beta}=0$, $M=(1/c)I_k$ と定義する．このとき，β の事後分布は，定数 c を用いて

$$\beta|\sigma^2, X \sim \mathcal{N}(0, c\,\sigma^2 I_k) \tag{2.53}$$

となる．ここで，I_k は $k\times k$ の単位行列である．

$c=0.1$ のとき，β と σ^2 の事後平均および β の事後分散は，R を使って次のように計算できる．

```
a <- 2.1
b <- 2
c <- 0.1
M=(1/c)*diag(k)
T=solve(solve(M)+solve(t(X)%*%X))
# βの事後平均 β̄
betavar <- solve(M+t(X)%*%X)%*%t(X)%*%y
betavar
# σ² の事後平均 σ²̄
S2 <- t(y-X%*%betahat)%*%(y-X%*%betahat)
S2var <- (2*b+S2+t(betahat)%*%T%*%betahat)/(n+2*a-2)
S2var
# βの事後分散
betasig <- diag(as.real(2*b+S2+t(betahat)%*%T%*%betahat)/(n+2*a-2)*solve
(M+t(X)%*%X))
betasig
```

結果は，それぞれ以下のようになる．

```
> betavar
                         [,1]
                    2.9502850
Agriculture         0.1030893
Examination         0.4235340
Education          -0.7093294
Catholic            0.1175438
Infant.Mortality    2.8737350
>S2var
            [,1]
  [1,]  83.72384
```

```
>betasig
                         Agriculture    Examination     Education
     8.006220474         0.004836396    0.083937632     0.052914769
        Catholic  Infant. Mortality
     0.002005914         0.091016715
```

この結果は，β と σ^2 の事前分布について何も情報をもたない（無情報事前分布）状況で，適当にパラメータを設定して得られた β と σ^2 の事後分布に関する情報を意味しており，線形回帰モデルのベイズ推定に関する第1歩であるといえる．

しかしながら，β と σ^2 の事後分布は，頻度主義統計学が指摘するように，a, b, c の初期値に大きく依存している．そこで，事後分布が初期値に依存しないようにする方法が必要となる．事後分布が初期値に依存しないようにする方法については，第3章で紹介する．

2.2.3 信頼区間と最高事後密度

これまでの計算事例でも見たように，ベイズアプローチによるデータ分析を用いた場合，未知パラメータ（上述の例では，β と σ^2）の事後情報が，平均と分散で定義される確率的な分布をもち，それが事後分布と呼ばれる．

次にわれわれは，得られた事後分布が，どの程度「信頼できる結果なのか」について記述する必要がある．事後分布の信頼性を記述する方法として，**信頼区間**（confidence interval）を求めて区間推定する方法がある．

事後分布に基づき区間推定を行う際には，次式を満たすような区間 $(\alpha/2, 1-\alpha/2)$ を求める方法を用いることがある．

$$p\left(\frac{\alpha}{2} \le \theta \le 1-\frac{\alpha}{2}\right) = \int_{\alpha/2}^{1-\alpha/2} p(\theta)\, d\theta = 1-\alpha \tag{2.54}$$

この区間 $(\alpha/2, 1-\alpha/2)$ はその区間に θ が入る確率が $1-\alpha$ であるため，**100(1−α)% 信頼区間**という．$100(1-\alpha)$%信頼区間の最も短い区間を**最高事後密度**（highest posterior density：HPD）という．

$\hat{\beta}$ と $\hat{\sigma}^2$ から，t 統計量を次のように定義できる．

$$T_i = \frac{\hat{\beta}_i - \beta_i}{\sqrt{\hat{\sigma}^2 \omega_{ii}}} \sim \mathcal{T}_{n-k-1} \tag{2.55}$$

ここで，$\mathcal{T}_{n-k-1}$ は標本数n，自由度 $n-k-1$ の t 分布である．また ω_{ii} は $X^\top X$ の

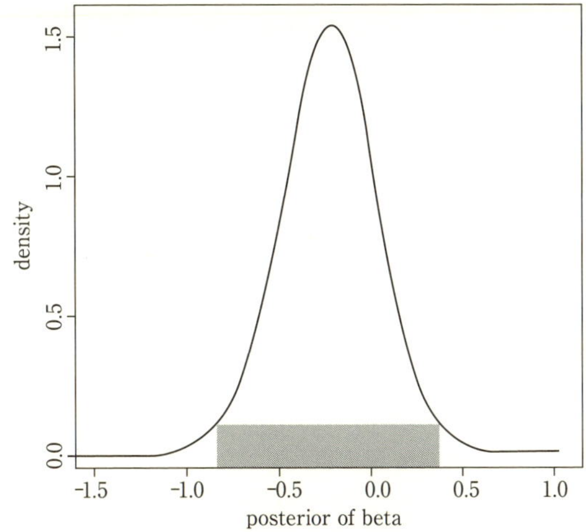

図 2.3　事後分布とその信頼区間

(i,i) 要素を意味する．このとき，$100(1-\alpha)$% 信頼区間の下限値と上限値は次のように求められる．

$$\left[\hat{\beta}+\sqrt{\hat{\sigma}^2X^{\top}X}F^{-1}_{n-k-1}\left(\frac{\alpha}{2}\right),\hat{\beta}+\sqrt{\hat{\sigma}^2X^{\top}X}F^{-1}_{n-k-1}\left(1-\frac{\alpha}{2}\right)\right] \tag{2.56}$$

ただし，F^{-1}_{n-k-1} は $\mathcal{T}_{n-k-1}$ の累積密度関数である．

ここで，線形回帰モデルの推定結果をもとに，信頼区間を計算し，図示してみよう（図 2.3）．2.2.2 項で計算したベイズ推定結果は初期値に強く依存しているが，ここで計算された β の事後平均 $\bar{\beta}$ と σ^2 の事後平均 $\overline{\sigma^2}$ を用いて，事後分布の 95% 信頼区間（$\alpha=0.05$）を以下の手順により計算することができる．

```
# 上限値(定数項を加えた説明変数の数 m の下で，自由度は n-m-1)
m = k
HPDUP <- betavar+qt(0. 975, n-m-1)*sqrt(diag(as. real(S2var)*solve(t(X)%*%
X)))
HPDUP
# 下限値
HPDLW <- betavar+qt(0.025, n-m-1)*sqrt(diag(as.real(S2var)*solve(t(X)%*%
X)))
HPDLW
```

2番目の説明変数に対するパラメータについて，事後分布と95%信頼区間を重ねて描くと，信頼区間を視覚的に把握できるだろう．

```
bv <- seq(-0.3, 0.5, length=100)
plot(bv, dnorm(bv, betavar[2], sqrt(betasig[2])), type="l", lwd=2,
xlab="posterior of beta", ylab="density")
# 95% 信頼区間をグレーに色づけ
rect(HPDLW[2], -0.5, HPDUP[2], dnorm(HPDUP[2], betavar[2], sqrt(betasig
[2])), col="grey", border=NA)
```

2.2.4 ジェフリーズの事前分布の適用

2.1.3項で取り上げたジェフリーズの事前分布を線形回帰モデルに適用してみよう(Martin and Robert, 2007)．事前分布が

$$p(\beta,\sigma^2|X)\propto\sigma^{-2} \tag{2.57}$$

である場合，事後分布は次のようになる．

$$\begin{aligned}p(\beta,\sigma^2|\boldsymbol{y},X)&\propto(\sigma^{-2})^{-n/2}\exp\left\{-\frac{1}{2\sigma^2}(\boldsymbol{y}-X\hat{\beta})^\top(\boldsymbol{y}-X\hat{\beta})\right.\\&\left.\quad-\frac{1}{2\sigma^2}(\beta-\hat{\beta})^\top X^\top X(\beta-\hat{\beta})\right\}\times\sigma^{-2}\\&\propto(\sigma^{-2})^{-(k+1)/2}\exp\left\{-\frac{1}{2\sigma^2}(\beta-\hat{\beta})^\top X^\top X(\beta-\hat{\beta})\right\}\\&\quad\times(\sigma^{-2})^{-(n-k-1)/2-1}\exp\left\{-\frac{s^2}{2\sigma^2}\right\}\end{aligned} \tag{2.58}$$

s^2 は式(2.42) と同じである．

したがって，β と σ^2 の事後分布は次のような分布族に従う．

$$\beta|\sigma^2,\boldsymbol{y},X\sim\mathcal{N}(\hat{\beta},\sigma^2(X^\top X)^{-1}) \tag{2.59}$$

$$\sigma^2|\boldsymbol{y},X\sim\mathcal{IG}\left(\frac{n-k-1}{2},\frac{s^2}{2}\right) \tag{2.60}$$

このとき，β と σ^2 の事後平均は，それぞれ以下のように求められる．

$$\mathbb{E}[\beta|\boldsymbol{y},X]=\hat{\beta} \tag{2.61}$$

$$\mathbb{E}[\sigma^2|\boldsymbol{y},X]=\frac{s^2}{n-k-3} \tag{2.62}$$

R で β と σ^2 の事後平均を計算してみよう．事後平均が与えられたとき，$100(1-\alpha)\%$ 信頼区間の下限値と上限値は次のようになる．

$$\left[\hat{\beta}_i+\sqrt{\frac{\omega_{ii}s^2}{n-k-1}}F_{n-k}^{-1}\left(\frac{\alpha}{2}\right), \hat{\beta}_i+\sqrt{\frac{\omega_{ii}s^2}{n-k-1}}F_{n-k}^{-1}\left(1-\frac{\alpha}{2}\right)\right] \tag{2.63}$$

2.2.5　ゼルナーの G 事前分布

2.2.2 項では，事後分布の要約方法について示したが，未知パラメータ β の分散に関する正値対象行列 M を定義づける際に，c という超パラメータを天下り的に与えた．このような超パラメータを用いることで，未知パラメータに関する事前情報を明示的に用いることができる．

未知パラメータに関する情報を明示的に用いる方法として，**ゼルナーの G 事前分布**（Zellners' G-prior distribution）を用いる方法が提案されている（Zellner, 1996）．この方法では，β と σ^2 の事前情報を次のようにして与えている．

$$\beta|\sigma^2, X \sim \mathcal{N}(\tilde{\beta}, c\sigma^2(X^\top X)^{-1}) \tag{2.64}$$

$$p(\sigma^2|X) \propto \sigma^{-2} \tag{2.65}$$

ゼルナーの G 事前分布は一般化自然共役事前分布としても知られており，自然共役事前分布の 1 つである．

この方法は，c を標本に対する事前情報から得られる情報量の尺度であるとも解釈できる．例えば，$1/c=0.5$ であれば，事前情報は標本の 50% と同じ重みであると考えられる．

このゼルナーの G 事前分布を用いると，事後分布は次のように簡略化できる（Martin and Robert, 2007）．

$$\begin{aligned} p(\beta|\sigma^2, \boldsymbol{y}, X) &\propto \boldsymbol{\ell}(\boldsymbol{y}|\beta, \sigma^2, X)p(\beta, \sigma^2|X) \\ &\propto (\sigma^2)^{-(n/2+1)}\exp\left\{-\frac{1}{2\sigma^2}(\boldsymbol{y}-X\hat{\beta})^\top(\boldsymbol{y}-X\hat{\beta}) \right. \\ &\qquad \left. -\frac{1}{2\sigma^2}(\beta-\hat{\beta})^\top X^\top X(\beta-\hat{\beta})\right\}(\sigma^2)^{-k/2} \\ &\qquad \times\exp\left\{-\frac{1}{2c\sigma^2}(\beta-\hat{\beta})^\top X^\top X(\beta-\hat{\beta})\right\} \end{aligned} \tag{2.66}$$

したがって，β と σ^2 の事後分布は次のような分布族に従う．

$$\beta|\sigma^2, \boldsymbol{y}, X \sim \mathcal{N}\left(\frac{c}{c+1}\left(\frac{\tilde{\beta}}{c}+\hat{\beta}\right), \frac{c\sigma^2}{c+1}(X^\top X)^{-1}\right) \tag{2.67}$$

$$\sigma^2|\boldsymbol{y}, X \sim \mathcal{IG}\left(\frac{n}{2}, \frac{s^2}{2} + \frac{1}{2(c+1)}(\tilde{\beta}-\hat{\beta})^\top X^\top X(\tilde{\beta}-\hat{\beta})\right) \tag{2.68}$$

このとき，β と σ^2 の事後平均は，

$$\mathrm{E}[\beta|\boldsymbol{y}, X] = \frac{c}{c+1}\left(\frac{\tilde{\beta}}{c} + \hat{\beta}\right) \tag{2.69}$$

および，

$$\mathrm{E}[\sigma^2|\boldsymbol{y}, X] = \frac{s^2 + (\tilde{\beta}-\hat{\beta})^\top (M^{-1} + (X^\top X)^{-1})^{-1}(\tilde{\beta}-\hat{\beta})/(c+1)}{n-2}, \quad n>2 \tag{2.70}$$

となる．

また事後分散は，式(2.52) のように表すことができる．

$$\mathrm{V}(\beta|\boldsymbol{y}, X) = \frac{c}{c+1}\frac{s^2 + (\tilde{\beta}-\hat{\beta})^\top (M^{-1} + (X^\top X)^{-1})^{-1}(\tilde{\beta}-\hat{\beta})/(c+1)}{n}(X^\top X)^{-1} \tag{2.71}$$

ゼルナーの G 事前分布を用いた事後分布を，R を使って計算してみよう．ここで，$\tilde{\beta}=0$, $c=0.1$ とする．

```
# βの事後平均
(c/(c+1))*betahat
# σ²の事後平均
(S2+t(betahat)%*%t(X)%*%X%*%betahat/(c+1))/(n-2)
# βの事後分散
diag(c/n*(c+1)*as.real(S2+t(betahat)%*%t(X)%*%X%*%betahat/(c+1))*solve
(t(X)%*%X))
```

ゼルナーの G 事前分布に対する最高事後密度（HPD）は，以下の手順で求められる．任意のパラメータに対する t 分布は次式のように表される．

$$\beta|\boldsymbol{y}, X \sim \mathcal{T}_1\left(n, \frac{c}{c+1}\left(\frac{\tilde{\beta}_i}{c} + \hat{\beta}_i\right), \frac{c}{c+1}\frac{s^2 + (\tilde{\beta}-\hat{\beta})^\top (M^{-1} + (X^\top X)^{-1})^{-1}(\tilde{\beta}-\hat{\beta})/(c+1)}{n}\omega_{ij}\right) \tag{2.72}$$

ただし，ω_{ij} は $(X^\top X)^{-1}$ の (i, j) 要素を意味する．

ここで，表記を簡略化するために，次のような置き換えを行う．

$$\tau_i=\frac{c}{c+1}\left(\frac{\tilde{\beta}_i}{c}+\hat{\beta}_i\right) \tag{2.73}$$

$$K=\frac{c}{c+1}\frac{s^2+(\tilde{\beta}-\hat{\beta})^\top(M^{-1}+(X^\top X)^{-1})^{-1}(\tilde{\beta}-\hat{\beta})/(c+1)}{n}(X^\top X)^{-1} \tag{2.74}$$

このとき，$100(1-\alpha)$% 信頼区間の下限値と上限値は次のように求められる．

$$\left[\tau_i+\sqrt{k_{ij}}F_n^{-1}\left(\frac{\alpha}{2}\right), \tau_i+\sqrt{k_{ij}}F_n^{-1}\left(1-\frac{\alpha}{2}\right)\right] \tag{2.75}$$

ただし，k_{ij} は K の (i,j) 要素を意味する．

2.3 予 測 分 布

2.3.1 事前予測分布

推定したモデルが有用かどうかを検証するため，観測されたデータ（パラメータ推計に用いたデータ）とモデルによる予測値とを比較することがしばしば行われる．ベイズ推定では，**事前予測分布**（prior predictive distribution）を用いて，与えられたモデルから観測値がどのような分布であるべきかを判断する方法と，**事後予測分布**（posterior predictive distribution）を用いて，与えられたデータからモデルがどのようなものであるべきかを判断する方法とがある．事前予測分布は，周辺尤度でもある．

このうち，事前予測分布は次のようにして与えられる．

$$p(y)=\int \ell(y|\theta)p(\theta)d\theta \tag{2.76}$$

すでに見てきたように，$\ell(y|\theta)$ は尤度関数，$p(\theta)$ は事前分布である．

事前分布を用いてモデルの検証を行う一番単純な方法は，事前予測分布 Y を観測値 y^{obs} と比較する方法である．Y や y^{obs} は多次元で比較が容易でないため，各分布のスカラー関数（例えば $K(Y)$ および $K(y^{\mathrm{obs}})$ とする）を使って比較する方法がある．このとき，事前予測分布の関数 $K(Y)$ を，次のような手順で**サンプリング**（sampling）する．

1. 事前分布 $p(\theta)$ から θ を生成
2. 尤度関数 $\ell(y|\theta)$ から事前予測分布 Y を生成
3. y から $K(Y)$ を生成
4. 1.～3.を $ndraw$ 回繰り返す

繰り返し回数 *ndraw* を増やすことで，予測精度を改善できると期待される．この「繰り返し」シミュレーション計算は，ベイズ推論で重要な手法である．次章以降で扱うマルコフ連鎖モンテカルロ法でも登場する．

2.3.2 訓練標本を用いた予測

非正則な事前分布を用いた場合，非正則な事前予測分布が生成されることがある．そのため，**訓練標本**（training samples）を使って正則な予測分布を得る方法が考えられている（Berger and Pericchi, 1996）．この方法では，データ y を訓練標本 y_T と検証標本 y_V とに分け，訓練標本 y_T が与えられた条件付きでの予測分布 y_V を，次式から求める．

$$p(y_V|y_T)=\int \ell(y_V|y_T,\theta)p(\theta|y_T)d\theta \tag{2.77}$$

y_V の予測値は，訓練標本 y_T を使って，次の手順により計算することができる．

1. $p(\theta|y_T)$ から θ を生成する繰り返し計算を *ndraw* 回行う
2. $\ell(y_V|y_T,\theta)$ から y_V を生成する繰り返し計算を *ndraw* 回行う
3. 繰り返し計算から得られた *ndraw* 個の標本から，予測したい統計量を計算する
4. 3.で得られた事前予測分布と標本の統計量を比較する
5. 繰り返し計算を終了する

回帰モデルから予測分布を得るには，説明変数と被説明変数の訓練標本 x_T，y_T を使って，説明変数と被説明変数の検証標本 x_V，y_V を予測すればよい．n_T 個の訓練標本から得られるパラメータ β の事後分布は，同じ訓練標本の最小二乗推定により得られるパラメータ b_T と同じ平均値をもつ正規分布である．また，**精度**（precision）$\tau=1/\sigma^2$ は訓練標本の回帰モデルにおける誤差項から得られる．

このとき，予測事前分布は次式により求めることができる．

$$\begin{aligned} p(y_V|x_V,y_T,x_T)\propto &\int_{-\infty}^{\infty}\exp\left\{-\frac{\tau}{2}\sum_{j=1}^{n_V}(y_j-\beta x_j)^2\right\} \\ &\exp\left\{-\tau\sum_{i=1}^{n_T}\frac{x_i^2}{2}\sum_{j=1}^{n_T}(\beta-b_T)^2\right\}d\beta \end{aligned} \tag{2.78}$$

ここで，式(2.35) で示した回帰モデルの例を用いて実際に計算してみよう．ここでは，繰り返し計算回数 $ndraw=1000$ とする．訓練標本を最初の 15 標本とし，訓練標本の精度 τ は，訓練標本を最小二乗推定して得られる誤差項の分散から求める．

```
nt <- 15
yt <- y[1:nt]
yp <- y[(nt+1):n]
Xt <- X[1:nt,]
Xp <- X[(nt+1):n,]
summary(lm(yt~Xt-1))
ndraw <- 1000
bt <- solve(t(Xt)%*%(Xt))%*%t(Xt)%*%yt
s2t <- t(yt-Xt%*%bt)%*%(yt-Xt%*%bt)
s2t <- s2t/(nt-k)
tau <- 1/sqrt(s2t)
bv <- t(matrix(rnorm(ndraw*k, bt, 1/sqrt(tau*sum(Xt^2))), nrow=k))
ypred <- matrix(0, ncol=n-nt, nrow=ndraw)
ypredvar <- rep(0, (n-nt))
for(i in 1:ndraw){ypred[i,]<- rnorm(n-nt, bv[i,]%*%t(Xp), 1/sqrt(tau))}
for(i in 1:(n-nt)){ypredvar[i]<- mean(ypred[,i])}
ypredvar
```

すると，以下のような結果が得られる．

```
> ypredvar
 [1] 68.92672 72.04871 76.67334 71.75258 66.95502 67.96465 69.56463
     71.16900 68.27134
[10] 67.82268 70.74045 71.36106 70.65310 74.76125 71.49170 84.54919
     83.96765 83.17244
[19] 82.77528 85.26068 85.00926 84.80934 85.65908 69.45181 72.80602
     74.60342 75.20447
[28] 72.38305 71.24922 85.34979 83.42119 84.67501
```

2.3.3 事後予測分布

次に，事後予測分布による予測方法を示す．y^{obs} を観測値，y^{rep} を同じモデルを使って異なるデータを適用して得られた値，あるいは複製データであるとする．このとき，事後予測分布は次式で表される．

$$p(y^{\mathrm{rep}}|y^{\mathrm{obs}})=\int p(y^{\mathrm{rep}}|y^{\mathrm{obs}},\theta)p(\theta|y^{\mathrm{obs}})\,d\theta \tag{2.79}$$

事後予測分布は以下の手順により生成される．

1. $p(\theta|y^{\mathrm{obs}})$ から θ を生成
2. $p(y^{\mathrm{rep}}|y^{\mathrm{obs}},\theta)$ から y^{rep} を生成
3. 1.～2.を *ndraw* 回繰り返す

2.3.2 項と同じ例を使って R で計算してみよう．

```
mu <- rnorm(ndraw, mean(y), 1/ sqrt(n))
yrep <- matrix(0, nrow=ndraw, ncol=n)
for(i in 1:ndraw) {yrep[i,] <- rnorm(n, mu[i], 1)}
yrep
```

2.4 線形回帰モデルにおける事後密度の生成

2.4.1 経験ベイズによる推定

2.2.2 項では，天下り的に与えた事前情報を用いて，線形回帰モデルの事後情報を計算した．得られた事後情報は，頻度主義統計学が指摘するように，事前情報に強く依存している．しかし，2.3 節で紹介した予測分布をシミュレーションにより計算する方法に，階層ベイズの考え方を取り入れ，事前情報への依存度を極力少なくした事後情報を得る方法がある．

本項では，線形回帰モデルのパラメータを，予測分布をシミュレーションする方法を参考にベイズ推定してみよう．この方法は，第 3 章でのマルコフ連鎖モンテカルロ法の考え方の基礎となるものである．ここで再び，式(2.35) の線形回帰モデルを取り上げる．

$$\boldsymbol{y}=X\beta+\varepsilon,\ \varepsilon\sim\mathcal{N}(0,\sigma^2)$$

$$y_i = \beta_0 + \beta_1 x_{i1} + \cdots + \beta_k x_{ik} + \varepsilon_i$$

$$\boldsymbol{y} = (y_1, \cdots, y_i, \cdots, y_n)^\top$$

$$X = \begin{pmatrix} \boldsymbol{x}_1 \\ \vdots \\ \boldsymbol{x}_i \\ \vdots \\ \boldsymbol{x}_n \end{pmatrix} = \begin{pmatrix} 1 & x_{11} & \cdots & x_{1k} \\ \vdots & \vdots & \vdots & \vdots \\ 1 & x_{i1} & \cdots & x_{ik} \\ \vdots & \vdots & \vdots & \vdots \\ 1 & x_{n1} & \cdots & x_{nk} \end{pmatrix}$$

$$\beta = (\beta_0, \cdots, \beta_k), \varepsilon = (\varepsilon_1, \cdots, \varepsilon_n)^\top$$

ここで，n は標本数，k は説明変数の数を意味する．以下の式表現を簡略にするため，誤差項の分散 σ^2 を精度 $\tau = 1/\sigma^2$ により置き換えることにする．τ が与えられた条件付きでの ε の階層事前分布は，次のように表すことができる．

$$p(\varepsilon|\tau) \propto \tau^{n/2} \exp\left\{-\left(\frac{\tau}{2}\right)\varepsilon^\top \varepsilon\right\} \tag{2.80}$$

τ のように，事前分布の形状を決定するようなパラメータを，超パラメータという．

モデルパラメータを求めるためには，β と τ の事前分布が必要である．単純な例として，次のような非正則一様分布を用いる．

$$p(\beta, \tau) \propto \frac{1}{\tau}, \quad -\infty < \beta < \infty, \tau > 0 \tag{2.81}$$

ベイズの定理より事後分布 $p(\beta, \tau|\boldsymbol{y}, X)$ は次式のようになる．

$$\begin{aligned} p(\beta, \tau|\boldsymbol{y}, X) &= \boldsymbol{\ell}(\boldsymbol{y}|\beta, X) p(\beta, \tau) \\ &\propto \tau^{n/2} \exp\left\{-\frac{\tau}{2}(\boldsymbol{y} - X\beta)^\top (\boldsymbol{y} - X\beta)\right\} \frac{1}{\tau} \\ &\propto \tau^{n/2-1} \exp\left\{-\frac{\tau}{2}(\boldsymbol{y} - X\beta)^\top (\boldsymbol{y} - X\beta)\right\} \end{aligned} \tag{2.82}$$

この事後分布は，線形回帰モデルの最小二乗推定量 $b = (X^\top X)^{-1} X'\boldsymbol{y}$ およびその誤差項 $e = \boldsymbol{y} - X\beta$ を用いて，以下のように変形できる．

$$\begin{aligned} p(\beta, \tau|\boldsymbol{y}, X) \propto \tau^{n/2-1} &\exp\left\{-\frac{\tau}{2}(\beta - b)^\top X^\top X(\beta - b)\right\} \\ &\times \exp\left\{-\frac{\tau}{2} e^\top e\right\} \end{aligned} \tag{2.83}$$

自由度 $v = n - k$ が与えられたとき，誤差分散の不偏推定量 $\hat{\sigma}^2 = s^2 = e^\top e/v = \sum_{i=1}^n e_i^2/v$ と表せる．すると，すでに 2.1.2 項で示されたように，事前情報は次のようなガンマ分布により表現することが可能である.

$$p(\tau|\boldsymbol{y}, X) \propto \tau^{n/2-1} \exp\left\{-\frac{\tau v s^2}{2}\right\} \tag{2.84}$$

$$\tau = \Gamma\left(\frac{v}{2}, \frac{v s^2}{2}\right)$$

このとき, β は平均 b, 分散 $(1/\tau)X^\top X$ の多変量正規分布となる. すなわち,

$$p(\beta|\tau, \boldsymbol{y}, X) \sim \mathcal{N}\left(b, \frac{1}{\tau}X^\top X\right) \tag{2.85}$$

である. また, 誤差項 ε の事前平均は 0, 事後平均は最小二乗誤差 e に, それぞれ等しい.

$$\mathbb{E}[\varepsilon|\boldsymbol{y}, X] = \mathbb{E}[\boldsymbol{y} - X\beta|\boldsymbol{y}, X] = \boldsymbol{y} - X\mathbb{E}[\beta|\boldsymbol{y}, X] = \boldsymbol{y} - X\beta = e \tag{2.86}$$

事後共分散行列は $s^2X(X^\top X)^{-1}X^\top$ に等しい. β_j は平均 b_j, 分散 $s^2(X^\top X)^{-1}_{jj}$, 自由度 v の t 分布に従う. また, $(X^\top X)^{-1}_{jj}$ は $(X^\top X)^{-1}$ の jj 番目の対角要素である. $sd_j = s\sqrt{(X^\top X)^{-1}_{jj}}$ とすると, $100(1-\alpha)$% 信頼区間の下限値と上限値は次式から求められる.

$$\left[\hat{\beta} + sd_j F^{-1}_{n-k-1}\left(\frac{\alpha}{2}\right), \hat{\beta} + sd_j F^{-1}_{n-k-1}\left(1 - \frac{\alpha}{2}\right)\right] \tag{2.87}$$

上述の推定方法では, おおよそ, 以下のような 3 つの段階を経て, 事前分布から事後分布を生成している.

1. 初期値である未知パラメータ β の事前分布と超パラメータ τ を与える
2. $y|\beta$ を生成
3. $\beta|\tau$ を生成

ここで, 未知パラメータに対する事前分布 $p(\beta|\tau)$ の超パラメータ τ を, いわば天下り的に与えている. このような方法を**経験ベイズ**（empirical Bayes）という.

R を使って, 事後分布密度などを計算してみよう. β の不偏推定量 $\hat{\beta}$, σ^2 の不偏推定量 $\hat{\sigma}^2$ に関する事前情報として, 2.2.1 項での最小二乗法による推定結果を用いることにする.

```
ndraw <- 1000            # 繰り返し計算回数
# τの事前情報を計算
```

```
tauval <- rgamma(ndraw, (n-k)/2, (n-k)*sig2hat/2)
bval <- matrix(0, nrow=ndraw, ncol=k)
# 多変量正規分布の関数 mvrnorm を使うためライブラリ MASS を呼び出す
library(MASS)
for(i in 1:ndraw) {
V <- (1/tauval[i])*solve(t(X)%*%(X))
bval[i, ] <- mvrnorm(1, betahat, V)}
# パラメータの事後平均・分散・標準偏差を計算
bval.mean <- matrix(0, nrow=k, ncol=1)
for(i in 1:k) {bval.mean[i, ] <- mean(bval[, i])}
bval.mean
bval.var <- matrix(0, nrow=k, ncol=1)
for(i in 1:k) {bval.var[i, ] <- var(bval[, i])}
bval.var
bval.sd <- sqrt(bval.var)

# 計算結果をプロットする(図 2.4)
par(mfrow=c(3, 1))
# 3番目の変数(Examination)のパラメータ事後確率密度分布をプロットする
plot(density(bval[, 3]), main=" ", ylab="確率密度", cex.axis=1.3, cex.lab=1.3)
# 3番目のパラメータの ndraw 回の計算結果をプロットする
plot(1:ndraw, bval[, 3], type="l", ylab="パラメータ", xlab="計算回数",
cex.axis=1.3, cex.lab=1.3)
# 事後確率密度分布の自己相関を計算する
bval.auto <- matrix(0, nrow=(ndraw-1), ncol=k)
for(i in 1:(ndraw-1)) {bval.auto[i, ] <- bval[i, ]/bval[i+1, ]}
# 3番目のパラメータの自己相関をプロットする
plot(1:(ndraw-1), bval.auto[, 3], type="l", ylab="自己相関",
xlab="計算回数", cex.axis=1.3, cex.lab=1.3)

# 事後情報を要約する
s2=t(y-X%*%bval.mean)%*%(y-X%*%bval.mean)
s2hat <- S2/(n-k)
s2hat
```

```
# 95% 信頼区間を計算する
SD <- matrix(0, ncol=1, nrow=k)
XXI <- solve(t(X) %*% (X))
for(j in 1:k) {SD[j, ] <- sqrt(s2hat*XXI[j, j])}
# 上限値
HPDUP <- bval.mean+qt(0.975, n-k) *SD
HPDUP
# 下限値
HPDLW <- bval.mean+qt(0.025, n-k) *SD
HPDLW
```

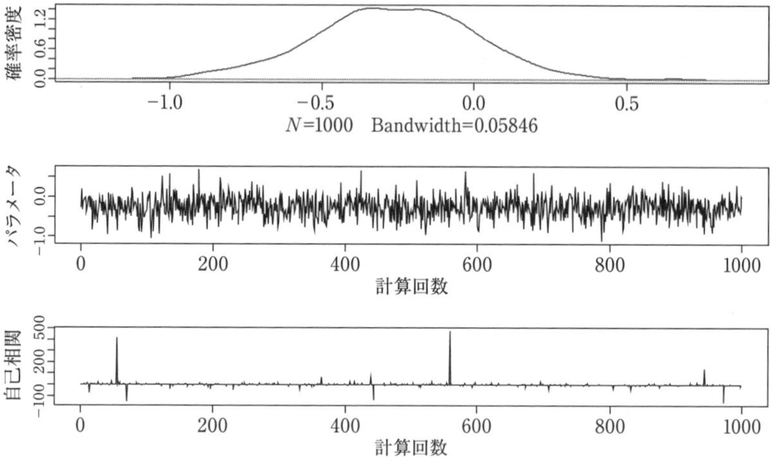

図 2.4　線形回帰モデルの 3 番目のパラメータの事後確率密度分布（上），*ndraw* 回の計算結果（中），事後確率密度分布の自己相関（下）

このようにして得られた計算結果は，パラメータの事後平均，標準偏差，および信頼区間（この場合は 97.5% 値と 2.5% 値）を表 2.1 のようにしてまとめることができる．

表 2.1 の結果を見ると，定数項，Catholic，Infant. Mortality に対するパラメータは，平均値，97.5% 値，2.5% 値がいずれも正である．したがって，これらの変数に対するパラメータは，非常に高い確率で正であるといえる．また

表 2.1　swiss データの線形回帰モデルのベイズ推定結果

変数	平均	標準偏差	97.5%	2.5%
定数項	67.208	1.286×10^2	88.829	45.586
Agriculture	-0.172	5.319×10^{-3}	-0.030	-0.314
Examination	-0.246	6.682×10^{-2}	0.266	-0.759
Education	-0.883	3.260×10^{-2}	-0.513	-1.252
Catholic	0.105	1.193×10^{-3}	0.177	0.034
Infant.Mortality	1.059	1.520×10^{-1}	1.830	0.288

Agriculture と Education に対するパラメータは，これらがいずれも負であることから，非常に高い確率で負となることがわかる．

他方，Examination に対するパラメータは，平均が負であるものの，97.5% 値は正，2.5% 値は負であることから，推定精度は必ずしも高くない．ちなみに，最小二乗法によるパラメータ推定結果からは，Examination に対するパラメータは負であるが，t 値が 5% 水準で有意でない結果が示されている．

2.4.2　階層ベイズによる推定

非集計データを使ってモデルを構築する際に，モデルパラメータ β を標本 i ごとに推計する（例えば，$y_i=\beta_i x+\varepsilon_i,\ \varepsilon_j\sim\mathcal{N}(0,\tau^{-1})$ の β_i を推計する）方が，誤差項の**分散不均一性**（heteroschedasticity）を認めている点で，より一般的で有用であるといえる．

このとき，尤度に関する事前情報 $y_i|\beta_i$ および超パラメータが与えられた条件付き事前情報 $\beta_i|\tau$ を生成することになる．この場合，τ は**同一ではない**（non-identical）ことから，2.1.4 項で示した階層事前分布を用いることで，$\beta_i|\tau$ の事後分布 $p(\beta_i|\tau)$ が推計できる．このように，階層事前分布を用いたモデルは，**階層ベイズモデル**（hierarchical Bayes model）と呼ばれている．

階層事前情報に超パラメータ λ を導入することにより，事後分布を次のように表す．

$$p(\tau,\lambda|y)=\ell(y|\tau,\lambda)p(\tau|\lambda)p(\lambda) \tag{2.88}$$

階層ベイズモデルでは，事後分布を次のように表すことができる．

$$p(\beta_i,\tau,\lambda|y_i)=\ell(y_i|\tau,\lambda)p(\beta_i|\tau)p(\tau|\lambda) \tag{2.89}$$

$i(=1,\cdots,n)$ について，階層ベイズモデルの事後分布は，次のように与えられる．

$$p(\beta_1,\cdots,\beta_i,\cdots,\beta_n,\tau,\lambda|y_i)=\prod_{i=1}^{n}\ell(y_i|\tau,\lambda)p(\beta_i|\tau)\times p(\tau|\lambda) \tag{2.90}$$

この事後分布のうち，$p(\beta_i|\tau)$ はランダム効果であり，$p(\tau|\lambda)$ は固定効果である．したがって，このモデルは混合効果モデルであるといえる．また，階層ベイズモデルでは $\tau|\lambda$ を生成する過程が加えられている点が，経験ベイズモデルとは異なる．

2.5 モデル選択

ベイズ的手法を使ったデータ分析では，推定されたモデルに対して，どのモデルが「確率的に生じやすい」モデルなのかを判断する必要がある．パラメータ選択に関する代表的な判定方法として，事後オッズおよびベイズファクターが知られている．またモデル選択に関する方法として，**ベイズ情報量基準**（Bayesian information criterion：BIC）がよく用いられる．

2.5.1 事後オッズとベイズファクター

いま，さまざまなベイズ的推定方法を適用して，いくつかのモデル $\mathcal{M}_i$（$i=1,\cdots,N$） が推定されたとする．どのモデルが他のモデルと比較して確率的に生じやすいモデルかを判断するには，あるモデル j の事後分布確率を，他のすべてのモデルの事後分布確率と比較すればよい（Kass and Rafery, 1995）.

事前予測分布 $p(y)$ の下でモデル $\mathcal{M}_i$ が生じうる確率は，ベイズの定理を用いて次式のように表すことができる．

$$P(\mathcal{M}_i|y)=\frac{p(y|\mathcal{M}_i)p(\mathcal{M}_i)}{p(y)} \tag{2.91}$$

ここで，$p(y)=\sum_{i=1}^{N}p(y|\mathcal{M}_i)p(\mathcal{M}_i)$ である．$p(y|\mathcal{M}_i)$ はモデル $\mathcal{M}_i$ の事前予測分布確率，$p(y)$ は事前予測分布確率の平均値を意味する．

2 つのモデルについて，モデル $\mathcal{M}_0$ に対するモデル $\mathcal{M}_1$ の事後確率の比をとったものが，**事後オッズ**（posterior odds）と呼ばれるものであり，次式で表すことができる．

$$\frac{P(\mathcal{M}_1|y)}{P(\mathcal{M}_0|y)}=\frac{p(y|\mathcal{M}_1)}{p(y|\mathcal{M}_0)}\frac{p(\mathcal{M}_1)}{p(\mathcal{M}_0)} \tag{2.92}$$

このとき，右辺の第 1 項を**ベイズファクター**（Bayes factor），第 2 項を**事前オッズ**（prior odds）と呼ぶ．特に，ベイズファクターのみをモデル選択に用いることも多い．モデル $\mathcal{M}_0$ に対するモデル $\mathcal{M}_1$ のベイズファクターを B_{10} と書くことがある．

2.4 節で得られた線形回帰モデルのパラメータについて，推計結果の妥当性を判断するために，このベイズファクターを用いることができる．

いま，2つのモデル $\mathcal{M}_0$ と $\mathcal{M}_1$ に対して，事前分布確率を改めて $H_0 : \theta \in \Theta_0$ および $H_1 : \theta \in \Theta_1$ と書くことにする．このとき，帰無仮説 H_0 に対する対立仮説 H_1 を仮説検定する．ベイズファクター B_{10} は，次式のように表現される．

$$B_{10} = \frac{\int_{\Theta_1} p(y|\theta_1) p(\theta_1) d\theta_1}{\int_{\Theta_0} p(y|\theta_0) p(\theta_0) d\theta_0} \tag{2.93}$$

ジェフリーズによると（Jeffreys, 1961），$\log B_{10}$ の値に基づき，表 2.2 のような基準に従い，帰無仮説 H_0 を棄却するかどうかを判定することができる（いくつかのテキストでは，$\log B_{10}$ の幅をさらに細かく区分して判定する方法も示されている）．$\log B_{10}$ が 1 より十分に大きいとき，モデル $\mathcal{M}_1$ がモデル $\mathcal{M}_0$ より生じやすく，帰無仮説 H_0 が棄却されることになる．

表 2.2 ジェフリーズの方法での判定基準

$\log B_{10}$ の値	帰無仮説 H_0	解釈
$\log B_{10} < 0$	非常に弱い	モデル $\mathcal{M}_0$ を支持
$0 < \log B_{10} < 0.5$	弱い	モデル $\mathcal{M}_1$ を弱く支持
$0.5 < \log B_{10} < 1$	相当なものである	モデル $\mathcal{M}_1$ を支持
$1 < \log B_{10} < 2$	強い	モデル $\mathcal{M}_1$ を強く支持
$2 < \log B_{10}$	決定的である	モデル $\mathcal{M}_1$ を決定的に支持

さて，H_0 の下で事後分布は次のように記述することができる．

$$\boldsymbol{y}|\boldsymbol{\beta}^0, \sigma^2, X_0 \sim \mathcal{N}_n(X_0\boldsymbol{\beta}^0, \sigma^2) \tag{2.94}$$

ただし，$\boldsymbol{\beta}^0$ は帰無仮説 H_0 に用いるパラメータを除いたベクトル，X_0 は H_0 に用いるパラメータの説明変数を除いた行列を意味する．

ここで，ゼルナーの G 事前分布を用いて H_0 の事前分布を以下のように設定する．

$$\boldsymbol{\beta}^0|\sigma^2, X_0 \sim \mathcal{N}_{k+1-q}(\tilde{\boldsymbol{\beta}}^0, c_0\sigma^2(X_0^\top X_0)^{-1}) \tag{2.95}$$

帰無仮説 H_0 に用いるパラメータが q 個ある場合，H_0 の下での事後分布は次式のように表すことができる（Martin and Robert, 2007）．

$$f(\boldsymbol{y}|X_0, H_0)=(c+1)^{-(k+1-q)/2}\left(\frac{1}{\sigma^2}\right)^{-n/2}\Gamma\left(\frac{n}{2}\right)$$
$$\times\left[\boldsymbol{y}^\top\boldsymbol{y}-\frac{c_0}{c_0+1}\boldsymbol{y}^\top X_0(X_0^\top X_0)^{-1}X_0^\top\boldsymbol{y}-\frac{1}{c_0+1}\tilde{\boldsymbol{\beta}}_0^\top X_0^\top X_0\tilde{\beta}_0\right]^{-n/2} \quad (2.96)$$

(数式表現の都合上，$\tilde{\boldsymbol{\beta}}^0$ の転置ベクトルを $\tilde{\boldsymbol{\beta}}_0^\top$ などと表記している)

したがって，ベイズファクターは次式により求めることができる．

$$B_{10}=\frac{f(\boldsymbol{y}|X, H_1)}{f(\boldsymbol{y}|X_0, H_0)}=\frac{(c_0+1)^{-(k+1-q)/2}}{(c+1)^{-(k+1)/2}}$$
$$\times\left(\frac{\boldsymbol{y}^\top\boldsymbol{y}-(c_0/(c_0+1))\boldsymbol{y}^\top X_0(X_0^\top X_0)^{-1}X_0^\top\boldsymbol{y}-(1/(c_0+1))\tilde{\boldsymbol{\beta}}_0^\top X_0^\top X_0\tilde{\beta}_0}{\boldsymbol{y}^\top\boldsymbol{y}-(c/(c+1))\boldsymbol{y}^\top X(X^\top X)^{-1}X^\top\boldsymbol{y}-(1/(c+1))\tilde{\boldsymbol{\beta}}^\top X^\top X\tilde{\beta}}\right)^{-n/2} \quad (2.97)$$

具体的な計算例を示そう．帰無仮説 $H_0: \beta_i=0$ とし（$q=1$），$\tilde{\beta}$ を $1\times k$ の要素0のベクトル，$\tilde{\beta}_0$ を $1\times(k-q)$ の要素0のベクトル，$c=c_0=0.1$ とする．この結果は，パラメータ β_i のベイズファクターを意味する．

```
c <- c0 <- 0.1; q <- 1
# 各パラメータのベイズファクター
log10BF10 <- matrix(0, ncol=1, nrow=k)
for(i in 1:k){
X0 <- X[,-c(i)]
P0=X0%*%solve(t(X0)%*%X0)%*%t(X0)
marg.dist0=(c0+1)^(-(k+1-q/2))*(t(y)%*%y-c0/(c0+1)*t(y)%*%P0%*%y)^
(-n/2)
P=X%*%solve(t(X)%*%X)%*%t(X)
marg.dist=(c+1)^(-k/2)*(t(y)%*%y-c/(c+1)*t(y)%*%P%*%y)^(-n/2)
log10BF10[i,] <- log10(marg.dist/marg.dist0)}
log10BF10
```

すると，以下のような結果が得られる．

```
> t(log10BF10)
           [,1]      [,2]      [,3]      [,4]      [,5]      [,6]
[1,]0.1534491 0.1461904 0.1451012 0.1498454 0.1467890 0.1466224
```

表2.2をもとにこの結果を解釈すれば，モデル $\mathcal{M}_1$ が（弱く）指示されることになる．

同様に，帰無仮説 $H_0 : \beta_5 = \beta_6 = 0$ のとき，他のモデルパラメータに対するベイズファクターは次のようにして計算できる．この結果は，0.1259261 となることから，やはりモデル $\mathcal{M}_1$ が（弱く）指示される．

```
q <- 2
X0 <- X[, -c(5, 6)]
marg.dist0=X0%*%solve(t(X0) %*%X0) %*%t(X0)
lulu0=(c0+1) ^(-(k+1-q/ 2)) *(t(y) %*%y-c0/ (c0+1) *t(y) %*%P0%*%y) ^(-n/ 2)
P=X%*%solve(t(X) %*%X) %*%t(X)
marg.dist=(c+1) ^(-k/ 2) *(t(y) %*%y-c/ (c+1) *t(y) %*%P%*%y) ^(-n/ 2)
log10(marg.dist/ lulu0)
```

2.5.2 ベイズ情報量基準

標本数 n が多いとき，式(2.86) のベイズファクターはベイズ情報量基準 (BIC) に近似できる（Lewis and Raftery, 1997；Carlin and Louis, 2000）．

パラメータの事後平均（あるいは最尤推定量）が $\hat{\theta}$ のとき，事後確率 $p(y) = \int \ell(y|\theta)p(\theta)d\theta$ の対数 $h(\theta) = \log(\ell(y|\theta)p(\theta))$ を考えることにする．

ラプラスの方法により，次式が近似的に得られる（Tierney and Kadane, 1986）．

$$\int \exp\{h(\theta)\}d\theta \approx (2\pi)^{k/2}|\hat{H}(\hat{\theta})|^{1/2}\exp\{h(\hat{\theta})\} \tag{2.98}$$

ここで，k はパラメータ θ の数（モデルの次数），$\hat{H}(\hat{\theta}) = [h''(\hat{\theta})^{-1}]$ である．

$h(\hat{\theta}) = \log(\ell(y|\hat{\theta})p(\hat{\theta}))$ であることから，事後確率は次式のように表すこともできる．

$$p(y) \approx (2\pi)^{k/2}|\hat{H}(\hat{\theta})|^{1/2}\ell(y|\hat{\theta})p(\hat{\theta}) \tag{2.99}$$

両辺の対数をとることにより，次式が得られる．

$$\log p(y) \approx \log \ell(y|\hat{\theta}) + \log p(\hat{\theta}) + \frac{k}{2}\log(2\pi) + \frac{1}{2}\log|\hat{H}(\hat{\theta})| \tag{2.100}$$

誤差項が平均0，分散1の正規分布に従う線形回帰モデルについてのモデル選

択を考える．すると，リンドレーのパラドックス（Shafer, 1982）を用いて，$p(\hat{\theta})=1/\sqrt{(2\pi)^k}$ となる．また，標本数が非常に多いとき，$\log|\hat{H}(\hat{\theta})|=-\log|h''(\hat{\theta})|\approx-\log(n^k)$ である．

したがって，式(2.100) は次式のようになる．

$$\log p(y)\approx\log \ell(y|\hat{\theta})-\frac{k}{2}\log (n) \tag{2.101}$$

すると，式(2.93) のベイズファクターは次式のようなベイズ情報量基準で近似されることがわかる．

$$BIC=\frac{\ell(y|\hat{\theta}_1)}{\ell(y|\hat{\theta}_0)}n^{(k_1-k_0)/2} \tag{2.102}$$

ここで，k_1 と k_0 は 2 つのモデル M_1 と M_0 におけるパラメータの数である．

最尤推定法によりパラメータが得られているとき，尤度関数は誤差項により $\ell(y|\hat{\theta}_1)=e_1'e_1$ および $\ell(y|\hat{\theta}_0)=e_0'e_0$ と表せることから，BIC は次式のように書くこともできる．

$$BIC=\frac{e_1'e_1}{e_0'e_0}n^{(k_1-k_0)/2} \tag{2.103}$$

BIC の適用事例として，2.2.1 項で用いた線形回帰モデルについて，すべての説明変数を用いたモデル（$\mathcal{M}_0$）と，説明変数を間引きした（定数項と最初の 4 つの説明変数だけを用いた）モデル（$\mathcal{M}_1$）との比較を行う．

```
# 定数項と最初の 4 つの説明変数を抽出
k1 <- 5
X1 <- X[, 1:k1]
# パラメータの不偏推定量と誤差の二乗和を計算
betahat1 <- solve(t(X1)%*%(X1))%*%t(X1)%*%y
S12=t(y-X1%*%betahat1)%*%(y-X1%*%betahat1)
# BIC を計算
BIClogM10 <- (n/2)*(log10(S12)-log10(S2))+(k1-k)/2*log10(n)
BIClogM10
```

本章では，標本データを用いたベイズ統計分析の理解に力点を置くため，いくつかの数式展開と R プログラムについては Lancaster(2006) および Martin and

Robert(2006) を参考とした．ベイズ推論は，第3章以降のデータ分析の基礎となるため，参考文献などを手がかりに理解を深めておくことが望ましい．

Zellner(1996) には，事前分布と事後分布，モデル選択基準に関する解説だけでなく，計量経済学や統計学におけるベイズ統計の考え方全般，および第3章で扱うパラメータ推定についても詳述されている．ベイズ統計の発展に偉大な足跡を残した Zellner の研究成果の全容を知ることができる．

Bernardo and Smith(1994)Chapter 5 では最高事後密度や共役事前分布，ラプラス近似について，Chapter 6 ではベイズファクターによるモデル選択について，それぞれ詳述されている．

事前分布については，Kass and Wasserman(1995) のレビューが詳しいほか，Gelman *et al.*(2004)Chapter 2 や Koop *et al.*(2007)Chapter 8 でもわかりやすく解説されている．モデル選択については，Key *et al.*(1999) や Bernardo and Smith (1994)Chapter 6 も参考にするとよい．予測分布の比較やモデル検証については，Gelman *et al.*(2004)Chapter 6 や Gelman and Hill (2007)Chapter 8 に，視覚的な検証方法や R を使った計算例が示されている．ラプラス近似による BIC の導出過程について，テーラー展開を用いた方法も提案されており，Carlin and Louis(2000)Chapter 5 などを参考にするとよい．

3. マルコフ連鎖モンテカルロ法

第2章で見てきたように，ベイズ推論を使ったデータ分析では，与えられた事前情報に対して事後分布をサンプリングするシミュレーション計算を実行することにより，予測事後分布を得ることができる．シミュレーション計算回数が少ないと，事前情報に強く依存することから，シミュレーションのサンプリング回数を増やして事前情報の影響を除けばよいように思える．しかし，サンプリング回数を増やせば，計算負荷も増大し，自分の PC を使って満足に計算できるのか不安にもなる．そこで，何回程度計算すれば事前情報の影響を除去できるのか，膨大なシミュレーション計算を効率的に実行する方法がないか，ということが次の関心となる．また，事後情報が確率的に分布するために，シミュレーションの収束状況についても注意を払う必要がある．

そこで本章では，ベイズ推論のサンプリング計算に用いられる代表的なサンプリング手法である，**マルコフ連鎖モンテカルロ法**（Markov chain Monte Carlo：MCMC）について説明する．MCMC は，マルコフ連鎖を構築することで，定常分布となりかつ収束するような**目標分布**（target distribution）を生成する．本章ではまず，MCMC のアルゴリズムとその収束判定方法について説明したのちに，R と WinBUGS を使った計算手順を示す．

3.1 マルコフ連鎖

マルコフ連鎖（Markov chain）は，一連のランダムな変数であり，1つ前の確率分布から次の確率分布を生成しようとするものである．いま，x を X_t の標本空間とし，A を x に関する集合の部分集合であるとする．このとき，

$$
\begin{aligned}
P(X_{t+1}\in A|x_1, \cdots, x_t) &= P(X_{t+1}\in A|x_t) \\
&= P(X_{t+1}|x_t)P(X_t|x_{t-1})\cdots P(X_2|x_1)P(x_1)
\end{aligned}
\tag{3.1}
$$

となるような確率を，**推移確率**（transition probability）と呼ぶ．マルコフ連鎖

では，$P(X_{t+1} \in A | x_1, \cdots, x_t)$ を**推移核**（transition kernel）ともいい，その関数 $K(x, y)$ を次のように表すことがある．

$$K(x, y) = P(X_{t+1} = y | X_{t+1} = x), \quad x, y \in A \tag{3.2}$$

さらに，次式を満たすような分布を**定常分布**（stationary distribution）または**不変分布**（invariant distribution）という．

$$p(y) = \int K(x, y) p(x) dx \tag{3.3}$$

この式から，$p(y)$ は推移核 $K(x, y)$ には依存するが，初期分布の確率密度関数 $p(x_1)$ に依存しないことがわかる．

マルコフ連鎖の代表例として，X_t が AR(1) 過程となるような，時系列回帰モデルが知られている．

$$x_{t+1} = \rho x_t + \varepsilon_{t+1}, \ \varepsilon_{t+1} \sim \text{i.i.d.} \mathcal{N}(0, 1), \quad t = 0, \cdots, T \tag{3.4}$$

$$K(x_{t+1}, x_t) = \frac{1}{\sqrt{2\pi}} \exp\left\{-\frac{1}{2}(x_{t+1} - \rho x_t)^2\right\} \tag{3.5}$$

このとき，期待値 $\mathbb{E}$ と分散 $\mathbb{V}$ は次のようになる．

$$\mathbb{E}[X_{t+1}] = \rho \mathbb{E}[X_t] \tag{3.6}$$

$$\mathbb{V}(X_{t+1}) = \rho^2 \mathbb{V}(X_t) + 1 \tag{3.7}$$

ここで，T 個のランダムな $\varepsilon_t \sim \mathcal{N}(0, 1)$ を生成し，時系列回帰モデルを計算してみよう．

```
T <- 500
et <- rnorm(T, 0, 1)
ro <- 0.5
xt <- matrix(0, nrow=1, ncol=T)
# 自己回帰モデルの生成
xt[1, 1]<- et[1]
for(i in 2:T) {xt[, i]<- xt[, i-1]*ro+et[i]}
# 標本平均の計算
xt. mean <- matrix(0, nrow=1, ncol=T)
xt. mean[1] <- xt[1]
for(i in 2:T) {xt. mean[, i] <- sum(xt[, 1:i])/i}
par(mfrow=c(3, 1))
```

```
plot(1:T, xt, type="l", xlab="T", ylab="Xt")
plot(xt[1:T-1], xt[2:T], xlab="Xt", ylab="Xt+1")
plot(1:T, xt.mean, type="l")
```

時系列回帰モデルの推定に用いた標本データ，時系列自己相関，時系列標本平均を，それぞれ図 3.1 に示した．ここでは，x_1 に 5 通りの乱数を生成し，標本平均をプロットしている．

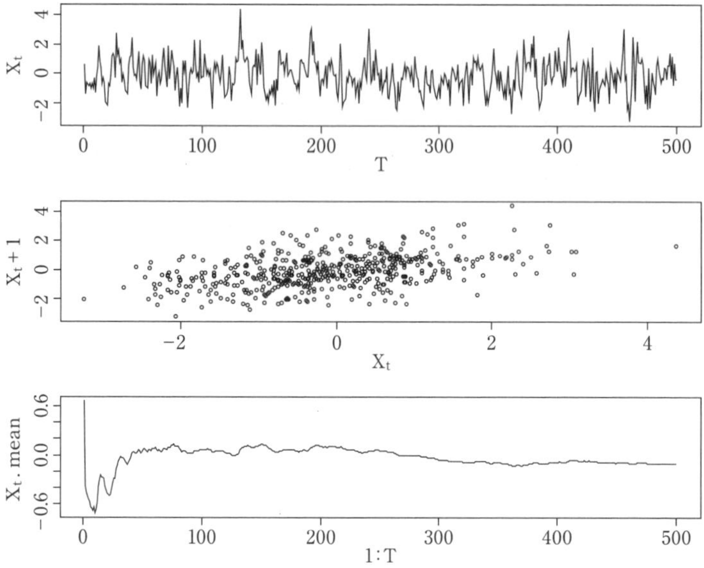

図 3.1 時系列回帰モデルの標本データ（上），時系列自己回帰（中），標本平均（下）

```
T <- 500
et <- matrix(0, nrow=5, ncol=T)
for(i in 1:5) {et[i, ] <- rnorm(T, 0, 1)}
ro <- 0.5
xt <- matrix(0, nrow=5, ncol=T)
xt[, 1] <- runif(5, -10, 10)
for(j in 1:5) {
```

```
for(i in 2:T) {xt[j, i]<- xt[j, i-1]*ro+et[i]}}
xt.mean <- matrix(0, nrow=5, ncol=T)
xt.mean[1]<- xt[1]
for(j in 1:5) {
for(i in 2:T) {xt.mean[j, i]<- sum(xt[j, 1:i])/i}}
plot(xt.mean[1, 2:T], type="l", ylim=c(min(xt.mean), max(xt.mean)),
xlim=c(1, T), lwd=2)
lines(xt.mean[2, 2:T], col="blue", lwd=2)
lines(xt.mean[3, 2:T], col="green", lwd=2)
lines(xt.mean[4, 2:T], col="red", lwd=2)
lines(xt.mean[5, 2:T], col="cyan", lwd=2)
```

このような単純なマルコフ連鎖に限らず，MCMC では事後分布の標本経路は初期値に依存する．しかし，初期値がどのような値であっても，計算回数を重ねるごとに標本平均の値が定常状態に近づくことが，図 3.2 から見てとれる．

シミュレーション回数 T とパラメータ ρ とを変えると，標本データの平均 $\bar{x}_t$ と標準偏差 sd(x_t) の関係は表 3.1 のようになる（初期値を 0 とした）．

このことから，定常状態に至るまでの繰り返し計算を**棄却**（reject）し，定常状態にある推定値を用いて分析結果を議論した方がよいように思える．繰り返し計算を始めてからサンプリングを棄却するまでの期間を**稼働検査期間**（burn-in period）という．マルコフ連鎖の収束判定方法，および稼働検査期間の設定方法

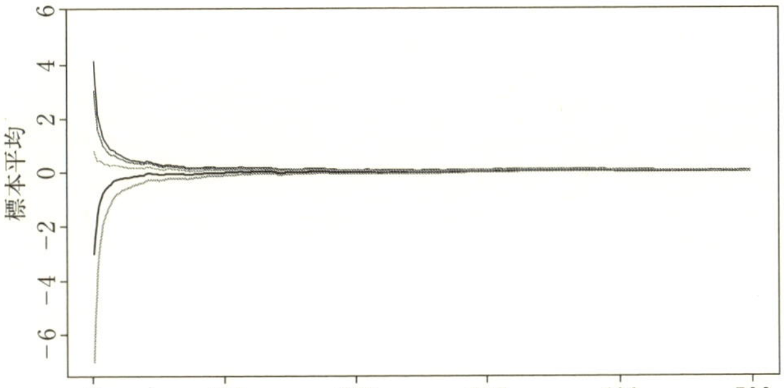

図 3.2 乱数（5 通り）の標本平均の収束過程

表 3.1 シミュレーション回数とパラメータとの関係

	$\rho=0.0$		$\rho=0.5$		$\rho=0.9$		$\rho=0.99$	
	$\bar{x}_t$	$\mathrm{sd}(x_t)$	$\bar{x}_t$	$\mathrm{sd}(x_t)$	$\bar{x}_t$	$\mathrm{sd}(x_t)$	$\bar{x}_t$	$\mathrm{sd}(x_t)$
$T=50$	−0.11414	1.10295	−0.34759	1.25428	−0.27350	2.01221	1.77826	1.79186
$T=500$	0.07139	0.99288	0.13185	1.23115	0.32551	2.71079	−1.43631	6.02930
$T=10^4$	−0.00584	1.00329	−0.00668	1.15513	−0.08652	2.26064	0.12971	7.92547
$T=10^6$	−0.00176	1.00105	0.00180	1.15448	−0.00794	2.29156	0.05549	7.11412

については，3.4 節で紹介する．

3.2 ギブズ・サンプラー

マルコフ連鎖の推移核を構築するより一般的な方法として，**メトロポリス–ヘイスティング法**（Metropolis–Hasting：MH）とその特殊形である**ギブズ・サンプラー**（Gibbs sampler）がよく知られている．まず，後者のギブズ・サンプラーから見ていくことにしよう．

ギブズ・サンプラーは，**目標分布**（target distribution）とその確率密度分布がいくつかに分割できるとする．例えば，目標分布が $y=(y_1, y_2)$ のように 2 分割できるとする．すると，$x=(x_1, x_2)$ が与えられたときの推移核は $K(x, y)=K(x_1, x_2, y_1, y_2)$ となる．ここで，条件付き事後分布 $p_{Y_1|Y_2}(y_1|y_2)$ および $p_{Y_2|Y_1}(y_2|y_1)$ を推移核に用いることにより，条件付き事後分布からのサンプリングが容易にできる．

目標分布が与えられたとき，ギブズ・サンプラーは大まかに，以下のような 2 段階の計算手順で事後分布を生成する．

ギブズ・サンプラーのアルゴリズム（2 段階）

1. $p_{Y_2|Y_1}(y_2|y_1)$ が与えられたとき，Y_1 の条件付き事後分布から y_1 を生成する
2. $p_{Y_1|Y_2}(y_1|y_2)$ が与えられたとき，Y_2 の条件付き事後分布から y_2 を生成する
3. 1.と 2.を繰り返す

より一般的には，次のような手順によりサンプリングを繰り返す．

ギブズ・サンプラーのアルゴリズム

1. 繰り返し（draw）回数を $s=(0, \cdots, ndraw)$ とする
2. $s=0$ に対して，初期値 $\boldsymbol{x}^s=(x_1^s, \cdots, x_t^s)$ を決める
3. $\boldsymbol{x}^s$ から $\boldsymbol{x}^{s+1}$ を生成する
   3.1 $x_1^{s+1} \sim p(x_1|x_2^s, \cdots, x_t^s)$ から x_1^{s+1} を生成
   3.2 $x_2^{s+1} \sim p(x_2|x_1^{s+1}, x_3^s, \cdots, x_t^s)$ から x_2^{s+1} を生成
   ⋮
   3.t $x_t^{s+1} \sim p(x_t|x_1^{s+1}, \cdots, x_{t-1}^{s+1})$ から x_t^{s+1} を生成
4. $s<ndraw$ のとき，3.に戻る．$s=ndraw$ のとき，計算終了

ギブズ・サンプラーにおける標本系列の挙動を把握するために，簡単な例を用いて実際に計算してみよう．ここでは，分散が同じである，以下のような二変量正規分布を考える．

$$\begin{cases} y_1 \sim \mathcal{N}(\mu_1, \rho) \\ y_2 \sim \mathcal{N}(\mu_2, \rho) \end{cases} \tag{3.8}$$

すると，条件付き事後分布は次のようになる．

$$\begin{cases} y_1|y_2 \sim \mathcal{N}\left(\mu_2+\rho\dfrac{\sigma_2}{\sigma_1}(y_1-\mu_1), \sigma_2^2(1-\rho^2)\right) \\ y_2|y_1 \sim \mathcal{N}\left(\mu_1+\rho\dfrac{\sigma_1}{\sigma_2}(y_2-\mu_2), \sigma_1^2(1-\rho^2)\right) \end{cases} \tag{3.9}$$

このとき，以下の手順に従ってギブズ・サンプラーを生成すればよい．

二変量正規分布のギブズ・サンプラー

1. $s=0$ とし，$(\rho y_1^s, \rho y_2^s)$ の初期値を与える
2. $y_{s_2} \sim \mathcal{N}(\mu_2+\rho(\sigma^2/\sigma^1)(y_1^{s-1}-\mu_1)\rho, \sigma_2^2(1-\rho^2))$ を生成
3. $y_{s_1} \sim \mathcal{N}(\mu_1+\rho(\sigma^1/\sigma^2)(y_2^{s-1}-\mu_2)\rho, \sigma_1^2(1-\rho^2))$ を生成
4. $s<ndraw$ のとき 2.に移動

単純化のため y_1 と y_2 の平均と分散が既知とし，$\mu_1=\mu_2=0$ および $\sigma_1=\sigma_2=1$ として，以下のようなプログラムを実行してみる．初期値を（10, 10）とした場

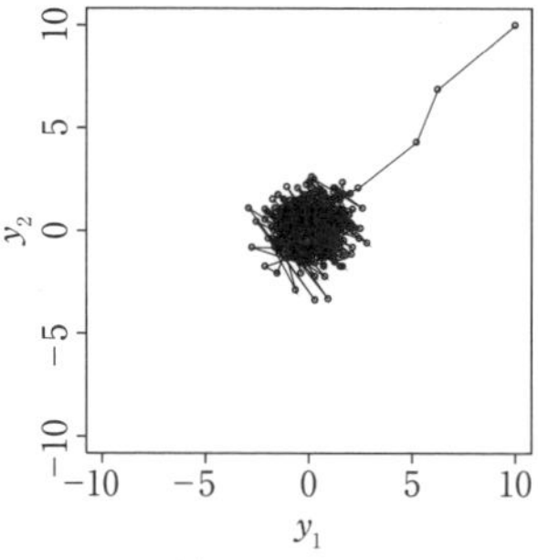

(a) 初期値 (10, 10)

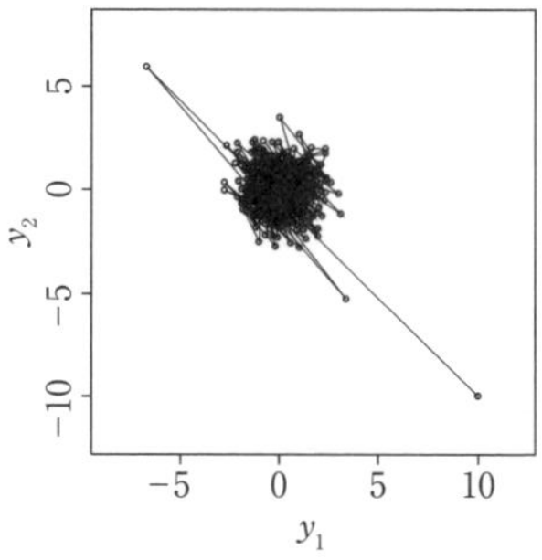

(b) 初期値 (10, −10)

図 3.3　二変量正規分布ギブズ・サンプラーの収束過程

合（図 3.3(a)）と，(10, −10) とした場合（図 3.3(b)）とを比較してもわかるように，初期値がまったく異なっても，ギブズ・サンプラーは定常状態に近づくことがわかる．

```
T <- 500; ro <- 0.7; y0 <- 10; mu1 <- mu2 <- 0; sig1 <- sig2 <- 1
y1 <- rep(y0, T); y2 <- rep(y0, T)
for(i in 2:T) {
y2[i]<- rnorm(1, (mu2+ro*sig2/sig1*(y1[i-1]-mu1)), sqrt(sig2*(1-ro^2)))
y1[i]<- rnorm(1, (mu1+ro*sig1/sig2*(y2[i-1]-mu1)), sqrt(sig1*(1-ro^2)))}
plot(y1, y2, type="o", xlim=c(min(y1)-2, max(y1)+2), ylim=c(min(y2)-2,
max(y2)+2))
```

得られた y_1 と y_2 の事後分布について，平均と標準偏差，および 95% 信頼区間（2.2.3 項を参照）を計算すると，例えば表 3.2 のようになる．

表 3.2　事後平均・標準偏差および信頼区間

変数	事後平均	標準偏差	97.5%	2.5%
y_1	0.08298	1.15450	2.35128	−2.18531
y_2	0.01070	1.14296	2.25632	−2.2349

3.3　メトロポリス–ヘイスティング法

線形回帰モデルでは，$p(y|x)$ からのサンプリングが比較的容易であるため，ギブズ・サンプラーが適用しやすい．しかし，次章以降で扱うようなモデルでは，$p(y|x)$ からのサンプリングが容易でない場合も少なくない．そのような場合には，メトロポリス–ヘイスティング法（MH）が用いられることが多い．

メトロポリス–ヘイスティング法では，ある**提案分布**（proposal distributions）$q(y|x)$ を生成し，目標分布と提案分布との違いを小さくするステップを取り入れている．この方法では，ギブズ・サンプラーのように条件付き事後分布からのサンプリングだけでなく，多変量事後分布からのサンプリングも可能である（Chib and Greenberg, 1995）．

まず，ギブズ・サンプラーのように，適当な初期値 $\boldsymbol{x}^{s=0}$ を決める．$(\boldsymbol{x}^s, \boldsymbol{x})$ が与えられたときに，提案分布を用いて $\boldsymbol{x}^s$ を生成させる．提案分布の密度関数 $q(\boldsymbol{x}^s, \boldsymbol{x})$ を用いて，次のような**受容確率**（acceptance probability）$\rho(\boldsymbol{x}^s, \tilde{\boldsymbol{x}})$ を計算することによりサンプリングする．

$$\rho(\boldsymbol{x}^s, \tilde{\boldsymbol{x}}) = \min\left(\frac{p(\tilde{\boldsymbol{x}})}{p(\boldsymbol{x}^s)} \frac{q(\boldsymbol{x}^s, \tilde{\boldsymbol{x}})}{q(\tilde{\boldsymbol{x}}, \boldsymbol{x}^s)}, 1\right) \tag{3.10}$$

メトロポリス–ヘイスティング法のアルゴリズムは以下の手順で示される．

MH アルゴリズム

1. 繰り返し（draw）回数を $s=(0, \cdots, ndraw)$ とする
2. $s=0$ に対して，任意の変数 $\boldsymbol{x}^s=(x_1^s, \cdots, x_t^s)$ を初期値として与える
3. $\boldsymbol{x}^s$ から $\tilde{\boldsymbol{x}}=q(\boldsymbol{x}^s, \boldsymbol{x})$ を生成する
4. 受容確率 $\rho(\boldsymbol{x}^s, \tilde{\boldsymbol{x}})$ を計算する

$$\rho(\boldsymbol{x}^s, \tilde{\boldsymbol{x}}) = \min\left(\frac{p(\tilde{\boldsymbol{x}})}{p(\boldsymbol{x}^s)} \frac{q(\boldsymbol{x}^s, \tilde{\boldsymbol{x}})}{q(\tilde{\boldsymbol{x}}, \boldsymbol{x}^s)}, 1\right)$$

   ただし，$p(\boldsymbol{x}^s)q(\tilde{\boldsymbol{x}}, \boldsymbol{x}^s)=0$ のとき $\rho(\boldsymbol{x}^s, \tilde{\boldsymbol{x}})=1$ とおく

5. 一様乱数 $\boldsymbol{u} \sim \mathcal{U}(0, 1)$ を発生させ，次のように判定する

$$\boldsymbol{x}^s = \begin{cases} \boldsymbol{x}, & if \quad \boldsymbol{u} \le \rho(\boldsymbol{x}^s, \tilde{\boldsymbol{x}}) \\ \boldsymbol{x}^s, & \text{その他} \end{cases}$$

6. $s < ndraw$ のとき，3.に戻る．$s = ndraw$ のとき，計算終了

3.2 節で紹介したギブズ・サンプラーは，受容確率 $\rho(\boldsymbol{x}^s, \tilde{\boldsymbol{x}})=1$ となるような，

MH アルゴリズムの特別な場合である．

MH アルゴリズムにおける，最も簡単な提案分布の適用方法として，ランダムウォークがある．この方法では，提案密度分布の分散を小さくすると，受容率が高くなる半面，収束が進まず非効率であり，逆に分散を大きくすると，収束は早いが受容率が低くなることなどが知られている．

提案密度のもう１つの例として，$q(\boldsymbol{x}^s, \boldsymbol{x})$ の近似分布として $h(\boldsymbol{x}^s, \boldsymbol{x}) \sim \mathcal{N}(m, V)$ のような正規分布を考えて，提案密度を

$$\rho(\boldsymbol{x}^s, \tilde{\boldsymbol{x}}) = \min(q(\boldsymbol{x}^s, \boldsymbol{x}), ch(\boldsymbol{x}^s, \boldsymbol{x})) \tag{3.11}$$

とする方法もある．ここで，c は定数である．このような提案密度を用いた以下のステップを，AR（採択–棄却，acceptance–rejection）**ステップ**という．

AR ステップのアルゴリズム

a.　$h(\boldsymbol{x}^s, \boldsymbol{x}) \sim \mathcal{N}(m, V)$ を生成する

b.　一様分布 $\mathcal{U}(0, 1)$ に従う $\boldsymbol{u} \sim \mathcal{U}(0, 1)$ を生成する

　　b–1　$\boldsymbol{u} \leq q(\boldsymbol{x}^s, \boldsymbol{x})/ch(\boldsymbol{x}^s, \boldsymbol{x})$ のとき $\boldsymbol{x}^s$ を受容する

　　b–2　それ以外のとき，a. に戻る

MH アルゴリズムに AR ステップを取り入れたアルゴリズムは，AR–MH アルゴリズムなどと呼ばれている（Chib and Jeliazkov, 2005）．

AR–MH アルゴリズム

1.　繰り返し（draw）回数を $s = (0, \cdots, ndraw)$ とする

2.　$s = 0$ に対して，任意の変数 $\boldsymbol{x}^s = (x_1^s, \cdots, x_i^s)$ を初期値として与える

3.　$\boldsymbol{x}^s$ から $\tilde{\boldsymbol{x}} = q(\boldsymbol{x}^s, \boldsymbol{x})$ を生成する

4.　AR ステップを実行する

　　4.1　$h(\boldsymbol{x}^s, \boldsymbol{x}) \sim \mathcal{N}(m, V)$ を生成する

　　4.2　一様分布 $\mathcal{U}(0, 1)$ に従う $\boldsymbol{u} \sim \mathcal{U}(0, 1)$ を生成する

　　　4.2–1　$\boldsymbol{u} \leq q(\boldsymbol{x}^s, \boldsymbol{x})/ch(\boldsymbol{x}^s, \boldsymbol{x})$ のとき $\boldsymbol{x}^s$ を受容する

　　　4.2–2　それ以外のとき，4.1 に戻る

5.　受容確率 $\rho(\boldsymbol{x}^s, \tilde{\boldsymbol{x}})$ を計算する

$$\rho(\boldsymbol{x}^s, \tilde{\boldsymbol{x}}) = \min\left(\frac{p(\tilde{\boldsymbol{x}})}{p(\boldsymbol{x}^s)} \frac{q(\boldsymbol{x}^s, \tilde{\boldsymbol{x}})}{q(\tilde{\boldsymbol{x}}, \boldsymbol{x}^s)}, 1\right)$$

ただし，$p(\boldsymbol{x}^s)q(\tilde{\boldsymbol{x}}, \boldsymbol{x}^s)=0$ のとき $\rho(\boldsymbol{x}^s, \tilde{\boldsymbol{x}})=1$ とおく

6. 一様乱数 $\boldsymbol{u} \sim \mathcal{U}(0, 1)$ を発生させ，次のように判定する

7. $\boldsymbol{x}^s = \begin{cases} \boldsymbol{x}, & if \quad \boldsymbol{u} \leq \rho(\boldsymbol{x}^s, \tilde{\boldsymbol{x}}) \\ \boldsymbol{x}^s, & \text{その他} \end{cases}$

8. $s < ndraw$ のとき，3.に戻る．$s = ndraw$ のとき，計算終了

3.4 収束判定

MCMC では，標本経路が初期値に依存しない定常状態であるかを見ることにより，収束判定を行う．ここでは，いくつかの収束判定方法を紹介する．MCMC を行い，$s=ndraw$ 回の繰り返し計算期間から，稼働検査期間を棄てて得られた i（$=ndraw-$burn-in）回分のパラメータ θ の標本時系列を $\theta^{(i)}(i=1, \cdots, t)$ とする．次節で示すように，収束判定方法の計算には，R や WinBUGS の **coda**（convergence diagnostics and output analysis）パッケージなどが適用できる．

3.4.1 Gelman-Rubin 統計量

この方法は，m 個の異なる初期値を与えてモデルを推定し，各推定結果について，同じ回数の稼働検査期間を棄てて得られたパラメータに関する標本時系列 $\theta^{(i,j)}(i=1, \cdots, n;j=1, \cdots, m)$ を取り出す．このとき，within chain variance（W）と between chain variance（B）をそれぞれ次のように求める（Gelman and Rubin, 1992）．

$$W=\frac{1}{m(n-1)}\sum_{j=1}^{m}\sum_{i=1}^{n}(\theta^{(i,j)}-\bar{\theta}^{(j)})^2 \tag{3.12}$$

$$B=\frac{n}{m-1}\sum_{j=1}^{m}(\bar{\theta}^{(j)}-\bar{\theta})^2 \tag{3.13}$$

ここで，$\bar{\theta}$ は m 個のモデルの n 個の標本時系列 $\theta^{(i,j)}$ 全体の平均，$\bar{\theta}^{(j)}$ はモデル j の n 個の標本時系列 $\theta^{(j)}$ の平均である．式(3.14) で表されるような，$\theta^{(i,j)}$ の重みづけ分散 $\hat{V}(\theta)$ を用いて，Gelman-Rubin 統計量 R を式(3.15) から求める．

$$\hat{V}(\theta)=\left(1-\frac{1}{n}\right)W+(1-n)B \tag{3.14}$$

$$R=\sqrt{\frac{\hat{V}(\theta)}{W}} \tag{3.15}$$

定常状態に近づくと，W と $\hat{V}(\theta)$ がほぼ同じ値をとるため，R は 1 に近づく．

したがって，R が 1 に近いとき，収束していると判定することができる．R が 1 より大きいとき，定常分布に収束していないと考えるが，実用上 1.05 以下であれば，収束したと考えてよい．

この統計量は，複数のマルコフ連鎖があれば適用可能である．マルコフ連鎖が 1 つのとき，十分に標本数が多ければ，標本系列を（例えば 50 個などに）分割することにより，1 つの標本系列を複数の標本系列とみなして適用することができる．

3.4.2 Geweke の判定方法

この方法は，平均値の差に関する Z 検定を応用した方法である（Geweke, 1992）．稼働検査期間を除く生成期間 ($i=1, \cdots, n_1, \cdots, n_2, \cdots, n$) のうち，最初の n_1 個 ($i=1, \cdots, n_1$) と最後の $n-n_2+1$ 期間 ($i=n_2, \cdots, n$) の標本系列があるとき，ある関数 $g(\theta^{(i)})$ を使って，これら 2 つの標本系列から得られる $g(\theta^{(i)})$ の平均値を，次式から求める．

$$\bar{g}_1=\frac{1}{n_1}\sum_{i=1}^{n_1} g_1(\theta^{(i)}), \quad \bar{g}_2=\frac{1}{n_2}\sum_{i=n-n_2+1}^{n_2} g_2(\theta^{(i)}) \tag{3.16}$$

このとき，以下の Z 統計量について，平均値の差に関する仮説検定を行う．

$$Z=\frac{\bar{g}_1-\bar{g}_2}{\sqrt{V(\bar{g}_1)+V(\bar{g}_2)}} \tag{3.17}$$

z_α を標準正規分布の上側 $100\alpha\%$ であるとして，$|Z|>z_\alpha$ のとき，2 つの標本経路が独立であるという帰無仮説を棄却し，収束を達成していないとする．最初の標本系列と最後の標本系列とで標本系列同士の相関が 0 になるように n_1 と n_2 を設定する必要がある．Geweke 統計量では，最初の 10% の標本系列と，最後の 50% の標本系列を比較することが多い．

$|Z|$ の値が 1 より十分に小さければ，マルコフ連鎖の標本系列が定常状態にあると判定される．あるいは，Z の p 値をもとに仮説検定する．

3.4.3 Raftery-Lewis の診断方法

この方法は，マルコフ連鎖の**四分位偏差**（quantile）を考えることで，適切な稼働検査期間を推定しようとするものである（Raftery and Lewis, 1992a）．θ に関する q 分位偏差が，パラメータ u を用いて以下のように表すことができるとする．与えられた θ に対して q は容易に得られる．

$$P(\theta\leq u)=q \tag{3.18}$$

ここで，$\theta^{(i)} \leq u$ のとき $Z_i=1$，それ以外のときに $Z_i=0$ となるような配列 $\{Z_i\}$ を考える．k 番目ごとの値を抽出することで，配列 $\{Z_i^k\}$ が得られる（k は**間伐要素**（thinning factor）ともいう）．k が十分に大きな値をとるとき，この配列は二状態マルコフ連鎖となる．$k(=1, 2, \cdots)$ に対応する配列 $\{Z_i^k\}$ をつくり，一次と二次のマルコフ連鎖モデルがこの配列にあてはまるとする．このとき，k は一次マルコフモデルが受容されるような最も小さい整数値をとる．

Raftery-Lewis の診断方法では，繰り返し回数 c_0k の値を，稼働検査期間が含まれるようにとり，四分位配列の長さをもとに c_0 を推定する．配列 $\{Z_i^k\}$ を一次マルコフ連鎖として扱い，状態 1 から状態 2 への変化率を α，状態 2 から状態 1 への変化率を γ とする．$\{Z_i^k\}$ に対して稼働検査期間を十分に大きくとることにより，ε の範囲内に収束する定常分布になるとする．ε は 0.001 程度の小さな値がとられることが多い．このとき，c_0 は次式のように表すことができる．

$$c_0=\ln\left[\frac{(\alpha+\gamma)\varepsilon}{\max\{\alpha, \gamma\}}\right]\frac{1}{\ln(|1-\alpha-\gamma|)} \tag{3.19}$$

この方法ではまた，ある精度で四分位配列の長さを推定することが求められる．このとき，目的は $\bar{u}$ での累積確率が $q\pm r$ の範囲で s となるとする．

$$P[q-r\leq P(\theta\leq u)\leq q+r]=s \tag{3.20}$$

q, r, s の値を与えることにより，稼働検査期間後に走査すべき繰り返し回数は c_0k となる．ここで，c_0 は次のようにして計算される．

$$c_0=\frac{(2-\alpha-\gamma)\alpha\gamma}{(\alpha+\gamma)^3}\frac{\Phi^{-1}(0.5(s+1))^2}{r^2} \tag{3.21}$$

3.5　線形回帰モデルへのギブズ・サンプラーの適用

第 2 章の式(2.35) で示した線形回帰モデルと同じモデルを使って説明する．

$$\boldsymbol{y}=X\beta+\varepsilon,\ \varepsilon\sim\boldsymbol{N}(0, \sigma^2)$$
$$y_i=\beta_0+\beta_1x_{i1}+\cdots+\beta_kx_{ik}+\varepsilon_i$$
$$\boldsymbol{y}=(y_1, \cdots, y_i, \cdots y_n)^\top$$
$$X=\begin{pmatrix}\boldsymbol{x}_1\\ \vdots\\ \boldsymbol{x}_i\\ \vdots\\ \boldsymbol{x}_n\end{pmatrix}=\begin{pmatrix}1 & x_{11} & \cdots & x_{1k}\\ \vdots & \vdots & \vdots & \vdots\\ 1 & x_{i1} & \cdots & x_{ik}\\ \vdots & \vdots & \vdots & \vdots\\ 1 & x_{n1} & \cdots & x_{nk}\end{pmatrix}$$

$$\beta=(\beta_0,\cdots,\beta_k),\ \varepsilon=(\varepsilon_1,\cdots,\varepsilon_n)^\top$$

ここで，n は標本数，k は説明変数の数を意味する．式表現を簡略にするため，精度 $\tau=1/\sigma^2$ と置き換えることにする．

$$p(\boldsymbol{y}|\beta,\tau)\sim\mathcal{N}\left(X\beta,\frac{1}{\tau}I\right) \tag{3.22}$$

自由度 $v=n-k$ が与えられたとき，誤差分散の不偏推定量 $\hat{\sigma}^2=S=e^\top e/v=\sum_{i=1}^n e_i^2/v$ と表せる．$B=X^\top X$ とすると，パラメータ β および τ の事前分布は次のような共役事前分布となる．

$$p(\beta|\tau)\sim\mathcal{N}(b_0,(1/\tau)B_0) \tag{3.23}$$

$$p(\tau|\boldsymbol{y})\sim\mathcal{G}(v_0/2,v_0S_0/2) \tag{3.24}$$

このとき事後分布は，それぞれ正規分布とガンマ分布とに従う．

$$p(\beta|\tau,\boldsymbol{y})\sim\mathcal{N}(b_1,B_1) \tag{3.25}$$

$$p(\tau|\beta,\boldsymbol{y})\sim\mathcal{G}(v_1/2,v_1S_1/2) \tag{3.26}$$

（したがって，$p(\sigma^2|\beta,\boldsymbol{y})\sim\mathcal{IG}(v_1/2,v_1S_1/2)$ となる．）ここで，$v_1=v_0+v$, $v_1S_1=v_0S_0+(\boldsymbol{y}-Xb_1)^\top(\boldsymbol{y}-X\beta)$，$b_1=B_1(B_0^{-1}b_0+\tau X^\top\boldsymbol{y})$，$B_1^{-1}=B_0^{-1}+\tau B$ である．実用上は，b_0, B_0, v_0, S_0 には，任意の値を設定しても差し支えない．

このことから，線形回帰モデルのギブズ・サンプラーは次のような手順で行う．

線形回帰モデルのギブズ・サンプラー

1. 繰り返し（draw）回数を $s=(0,\cdots,ndraw)$ とする
2. $S=0$ に対して，初期値 (β^s,τ^s) を決める
3. (β^s,τ^s) から (β^{s+1},τ^{s+1}) を生成する
   - 3.1 $p(\beta^{s+1}|\tau^s,\boldsymbol{y})\sim\mathcal{N}(b_1,B_1)$ から β^{s+1} を生成
     ただし，$b_1=B_1(B_0^{-1}b_0+\tau^sX^\top\boldsymbol{y})$，$B_1^{-1}=B_0^{-1}+\tau^sB$
   - 3.2 $p(\tau^{s+1}|\beta^{s+1},\boldsymbol{y})\sim\mathcal{G}(v_1/2,v_1S_1/2)$ から β^{s+1} を生成
4. $s<ndraw$ のとき，3.に戻る．$s=ndraw$ のとき，計算終了

R には，線形回帰モデルにギブズ・サンプラーを適用するパッケージとして，**MCMCpack** がある．また収束判定を適用するパッケージとして **coda** がある．これらを使って線形回帰モデルのギブズ・サンプリングを行う．ここでは，第 2 章で用いた組み込みデータ **swiss** を用いて線形回帰モデルをベイズ推定する．ま

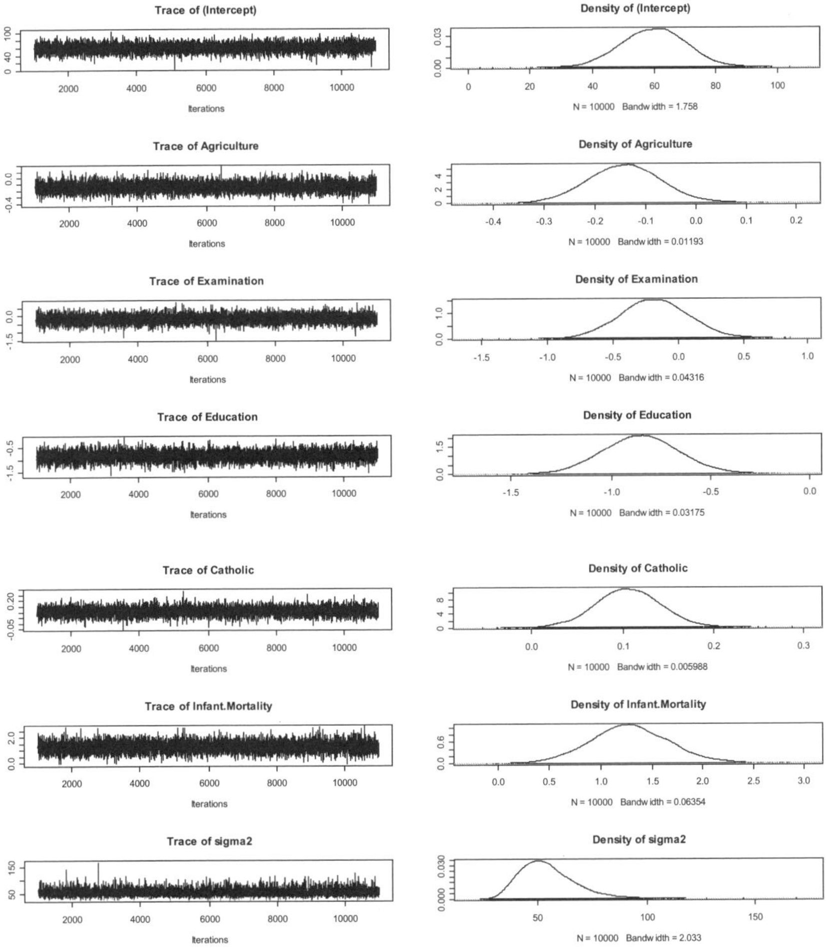

図 3.4　ギブズ・サンプリングによる線形回帰モデルの推定結果

た，マルコフ連鎖の生成回数を 110000 回，稼働検査期間を 10000 回とした（図 3.4）．

```
# 線形回帰モデルへの適用
library(MCMCpack)
data(swiss)
```

```
# 通常最小二乗法の適用
sample.lm <- lm(Fertility~., data=swiss)
summary(sample.lm)
# Gibbs sampling
# burnin=稼働検査期間, mcmc=MCMC の生成回数, b0 と B0 は事前分布の平均と
# 分散
# c0 と d0 は τ に関するガンマ関数の平均と分散に関するパラメータ
sample.gibbs.post1 <-
MCMCregress(Fertility~., data=swiss,
burnin=10000, mcmc=100000,
marginal.likelihood="Chib95",
b0=0, B0=0.001, c0=0.001, d0=0.001)
summary(sample.gibbs.post1, digit=3)
plot(sample.gibbs.post1)
```

ギブズ・サンプラーによる推定結果は，以下のようになる．

```
> summary(sample.gibbs.post1, digit=3)
Iterations=10001:110000
Thinning interval=1
Number of chains=1
Sample size per chain=1e+05

1. Empirical mean and standard deviation for each variable,
   plus standard error of the mean:
                       Mean        SD   Naive SE   Time-series SE
(Intercept)         59.7107  10.47344  0.0331199        0.0361963
Agriculture         -0.1415   0.07078  0.0002238        0.0002162
Examination         -0.1823   0.25899  0.0008190        0.0008596
Education           -0.8525   0.18817  0.0005950        0.0007273
Catholic             0.1055   0.03630  0.0001148        0.0001067
Infant.Mortality     1.2817   0.37965  0.0012006        0.0011912
sigma2              54.4567  12.77235  0.0403897        0.0479622
```

```
2. Quantiles for each variable:
                      2.5%      25%     50%       75%      97.5%
(Intercept)       38.81067 52.82559 59.8390  66.76355 79.9978331
Agriculture       -0.27884 -0.18878 -0.1422  -0.09526  0.0005221
Examination       -0.68490 -0.35491 -0.1838  -0.01055  0.3314962
Education         -1.22331 -0.97711 -0.8533  -0.72762 -0.4833824
Catholic           0.03435  0.08115  0.1053   0.12957  0.1769637
Infant. Mortality  0.54800  1.02662  1.2777   1.53211  2.0375638
sigma2            34.93759 45.37828 52.6184  61.43150 84.4035112
```

パラメータ推定結果から，定数項（Intercept），Catholic，Infant.Mortality は 95% 信頼区間で正の値をとる．また Education は 95% 信頼区間で負の値をとることがわかった．Agriculture と Examination は，95% 信頼区間では負の値にはならないが，50% 信頼区間［25%, 75%］では負の値になる．

次に，Gelman-Rubin 統計量，Raftery-Lewis の方法と Geweke の方法を用いて，収束判定を行う．Gelman-Rubin 統計量を計算するために，異なる初期値を与えたモデルを推定する．

```
# Gelman-Rubin 統計量
sample. gibbs. post2 <-
MCMCregress(Fertility~., data=swiss, burnin=10000, mcmc=100000,
marginal. likelihood="Chib95", b0=1, B0=0.05, c0=0.1, d0=0.1)
sample. gibbs. post. all <- mcmc. list(sample. gibbs. post1, sample. gibbs. post2)
gelman. diag(sample. gibbs. post. all)
# Geweke の方法
geweke. diag(sample. gibbs. post1)
# Raftery-Lewis の方法
raftery. diag(sample. gibbs. post1)
```

Gelman-Rubin 統計量の結果は，Examination，Education，Catholic，sigma2 の統計量 R（Point est.）が 1.05 以下であり，マルコフ連鎖の標本経路が定常状態にあると判定される．

```
> gelman.diag(sample.gibbs.post.all)
Potential scale reduction factors:
                    Point est.  97.5% quantile
(Intercept)               1.16            1.56
Agriculture               1.06            1.23
Examination               1.02            1.11
Education                 1.00            1.01
Catholic                  1.00            1.00
Infant.Mortality          1.09            1.35
sigma2                    1.00            1.02
Multivariate psrf
1.09+0i
```

Gewekeの判定方法では，稼働検査期間を除く標本経路のうち，最初の10%と最後の50%の平均値の差の検定を行うようにデフォルトが設定されている．以下の結果からは，いずれの変数も，標本経路が定常状態にあるとはいいにくい．

```
> geweke.diag(sample.gibbs.post2)
Fraction in 1st window=0.1
Fraction in 2nd window=0.5
(Intercept)         Agriculture  Examination      Education       Catholic
     0.7880             -0.5057      -0.7776        -0.1024        -0.8543
Infant.Mortality         sigma2
         -0.2379        -0.1505
```

最後に，Raftery-Lewisの診断方法を使った結果を以下に示す．デフォルトでは，収束判定の範囲 $\varepsilon=0.001$ となっている．この結果からは，いずれの変数についても標本経路が定常状態にあるといえる．

```
> raftery.diag(sample.gibbs.post1)
Quantile(q)=0.025
```

```
Accuracy(r)=+/-0.005
Probability(s)=0.95
                     Burn-in   Total   Lower bound   Dependence
                       (M)      (N)      (Nmin)       factor(I)
(Intercept)             2      3868       3746          1.03
Agriculture             1      3748       3746          1.00
Examination             2      3805       3746          1.02
Education               2      3832       3746          1.02
Catholic                2      3805       3746          1.02
Infant.Mortality        1      3755       3746          1.00
sigma2                  2      3939       3746          1.05
```

ベイズ推定の結果は，**coda** パッケージを用いても表示できる.

```
> library(coda)
> codamenu()
CODA startup menu

1：Read BUGS output files
2：Use an mcmc object
3：Quit

選択：1
Enter CODA index file name
(or a blank line to exit)
1：
> codamenu()
CODA startup menu
1：Read BUGS output files
2：Use an mcmc object
3：Quit
選択：2
Enter name of saved object(or type "exit" to quit)
```

```
1：sample. gibbs. post1                ← 事後分布を指定
Checking effective sample size...OK
CODA Main Menu
1：Output Analysis
2：Diagnostics
3：List/ Change Options
4：Quit
選択：1
CODA Output Analysis menu
1：Plots
2：Statistics
3：List/ Change Options
4：Return to Main Menu
選択：2                                ← 事後分布を表示

(上述の結果と同じ結果が表示される．表示後，CODA Main Menu に戻る)

CODA Main Menu
1：Output Analysis
2：Diagnostics
3：List/ Change Options
4：Quit
選択：2                                ← 診断結果を表示
CODA Diagnostics Menu
1：Geweke
2：Gelman and Rubin
3：Raftery and Lewis
4：Heidelberger and Welch
5：Autocorrelations
6：Cross-Correlations
7：List/ Change Options
8：Return to Main Menu
選択：1                                ← Geweke の判定結果を表示
```

```
GEWEKE CONVERGENCE DIAGNOSTIC(Z-score)
=====================================
Iterations used=10001:110000
Thinning interval=1
Sample size per chain=100000
$chain1
Fraction in 1st window=0.1
Fraction in 2nd window=0.5
    (Intercept)  Agriculture  Examination  Education  Catholic
         0.8127      -0.5216      -0.7695    -0.1145   -0.8412
 Infant.Mortality       sigma2
        -0.2598      -0.1150

Geweke plots menu
1：Change window size
2：Plot Z-scores
3：Change number of bins for plot
4：Return to Diagnostics Menu
選択：2                                        ← Z値をプロット
Save plots as a postscript file(y/N)?
y
Enter name you want to call this postscript file
(Default=Rplots.ps)
1：sample.gibbs.post1.Geweke.Z.ps
Geweke plots menu
```

Geweke の方法による Z 値をプロットすると，図 3.5 のようになる．sample.gibbs.post.all の結果を用いて Gelman-Rubin 統計量の推移を図 3.6 に示す．

最初に推定したモデル（model 1）と，model 1 のうち 95% 信頼区間でパラメータが負とならなかった Agriculture と Examination を除いて推定したモデル（model 3）とを，ベイズファクターを用いて比較してみよう．

```
> BayesFactor(sample.gibbs.post1, sample.gibbs.post3)
The matrix of Bayes Factors is:
```

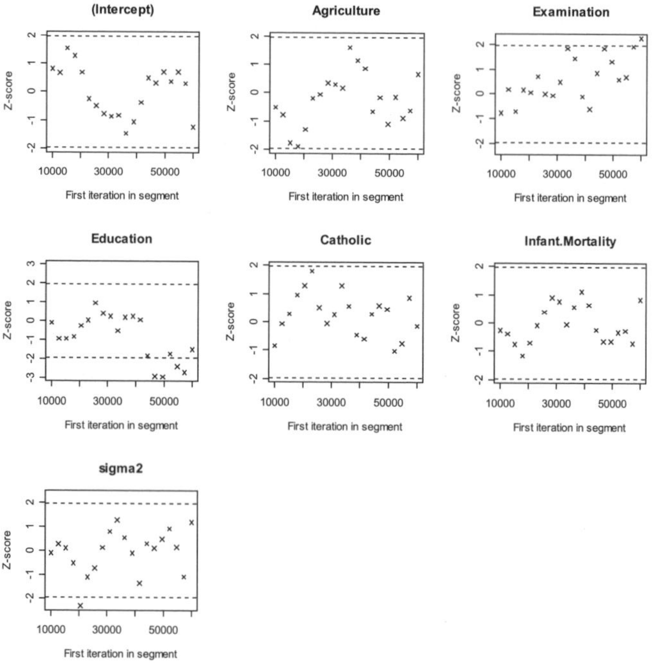

図 3.5　Geweke の判定方法による Z 値の表示

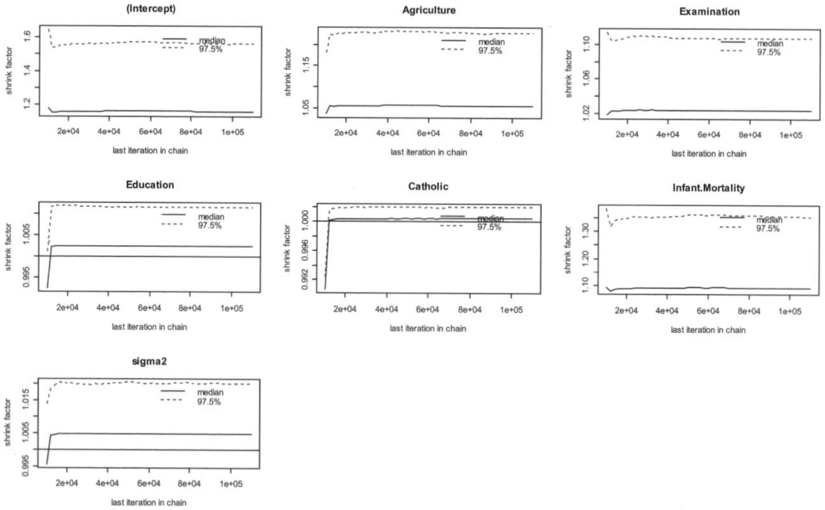

図 3.6　Gelman-Rubin 統計量の収縮率（shrink factor）

```
                     sample.gibbs.post1  sample.gibbs.post3
  sample.gibbs.post1                  1            0.000107
  sample.gibbs.post3               9387            1.000000

The matrix of the natural log Bayes Factors is:
                     sample.gibbs.post1  sample.gibbs.post3
  sample.gibbs.post1               0.00               -9.15
  sample.gibbs.post3               9.15                0.00

sample.gibbs.post1:
  call=
MCMCregress(formula=Fertility~., data=swiss, burnin=10000,
  mcmc=1e+05, b0=0, B0=0.001, c0=0.001, d0=0.001,
  marginal.likelihood="Chib95")
  log marginal likelihood=-198.0993

sample.gibbs.post3 :
  call=
MCMCregress(formula=Fertility~Education+Catholic+Infant.Mortality,
  data=swiss, burnin=10000, mcmc=1e+05, b0=0, B0=0.0015,
  c0=0.001, d0=0.001, marginal.likelihood="Chib95")
  log marginal likelihood=-188.9522
```

sample.gibbs.post1 と sample.gibbs.post3 のベイズファクター（自然対数）は，9.15 であり，model 1 に対して model 3 の方が相当強く支持される結果となっていることがわかる．

最後に，WinBUGS を使って同じように計算してみよう．まず，テキストファイルを新規に作成し，以下の BUGS コードを記述したのち，「model 1.txt」という名前で R がインストールされたフォルダに保存する．

```
model{
for(i in 1:n){
y[i]~dnorm(mu[i],tau)
mu[i]<- beta0+beta1*X[i,1]+beta2*X[i,2]+beta3*X[i,3]+beta4*X[i,4]+
```

```
beta5*X[i, 5]}
beta0~dnorm(0, 0.001)
beta1~dnorm(0, 0.0001)
beta2~dnorm(0, 0.0001)
beta3~dnorm(0, 0.0001)
beta4~dnorm(0, 0.0001)
beta5~dnorm(0, 0.0001)
tau~dgamma(0.001, 0.001)}
```

上記の BUGS コードのうち，2〜4 行目は尤度を，5〜11 行目は事前情報を意味する．また，tau は $\tau=1/\sigma^2$ を意味する．

R 上で，**R2WinBUGS** パッケージを呼び出し，回帰モデルを推定してみよう．

```
library(R2WinBUGS)
data(swiss)
y <- swiss[, 1]
k <- ncol(swiss)
X <- as.matrix(swiss[, 2:k])
n <- nrow(X)
data <- list("n", "y", "X")

in1 <- list(beta0=0, beta1=0, beta2=0, beta3=0, beta4=0, beta5=0, tau=1)
in2 <- list(beta0=0, beta1=1, beta2=1, beta3=1, beta4=1, beta5=1, tau=1)
in3 <- list(beta0=0, beta1=2, beta2=2, beta3=2, beta4=2, beta5=2, tau=1)
inits <- list(in1, in2, in3)
parameters <- c("beta0", "beta1", "beta2", "beta3", "beta4", "beta5", "tau")

sample.wb <- bugs(data, inits, parameters,
model.file="model1.txt", debug=FALSE,
n.chains=3, n.iter=100000, n.burnin=10000,
# codaPkg=TRUE,
bugs.directory="C:/Program Files/WinBUGS14",
working.directory=NULL)
```

```
print(sample.wb, digits=3)
plot(sample.wb)
```

8～10行目で3種類の初期値を設定したことから，3つのマルコフ連鎖を生成している．計算結果の例を以下に示す（図3.7）．

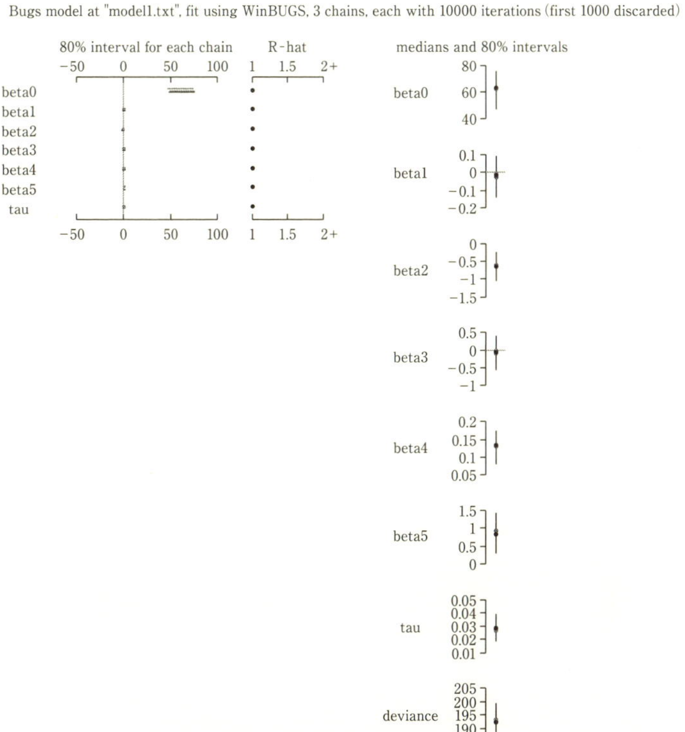

図3.7　WinBUGSによる線形回帰モデルの適用結果例

```
> print(sample.wb, digits=3)
Inference for Bugs model at "model1.txt", fit using WinBUGS,
3 chains, each with 1e+05 iterations(first 10000 discarded), n.thin=270
n.sims=1002 iterations saved
```

	mean	sd	2.5%	25%	50%	75%	97.5%	Rhat	n. eff
beta0	61.879	10.551	40.300	55.297	62.025	69.260	82.422	1.001	1000
beta1	−0.023	0.090	−0.188	−0.086	−0.026	0.037	0.154	1.000	1000
beta2	−0.651	0.325	−1.296	−0.867	−0.661	−0.439	−0.020	1.002	950
beta3	−0.076	0.366	−0.796	−0.314	−0.078	0.164	0.638	1.000	1000
beta4	0.128	0.037	0.056	0.105	0.129	0.152	0.198	1.001	1000
beta5	0.887	0.429	0.058	0.612	0.869	1.163	1.758	1.000	1000
tau	0.028	0.008	0.015	0.023	0.028	0.033	0.047	1.005	480
deviance	192.861	4.326	186.700	189.700	192.200	195.200	203.700	1.002	1000

For each parameter, n. eff is a crude measure of effective sample size,
and Rhat is the potential scale reduction factor (at convergence, Rhat=1).

DIC info (using the rule, pD=Dbar−Dhat)
pD=6.7 and DIC=199.6
DIC is an estimate of expected predictive error (lower deviance is better).

WinBUGS の出力結果に，DIC や pD という指標が示されている．DIC は偏差情報量基準といい，モデルのあてはまりのよさを意味し，値が小さいほどよいとされる．また pD はモデルの複雑さを評価する有効なパラメータ数を意味する．これらについては，6.1 節で説明する．

4. 離散選択モデル

第３章では，主に被説明変数が連続的な値をとる線形回帰モデルを例に，MCMC によるベイズ推定の方法を説明した．本章では，**一般化線形回帰モデル**（generalized linear regression model）と呼ばれる線形モデルのうち，被説明変数が（0,1）などの離散値をとるようなモデル，いわゆる離散選択モデルのベイズ推定について紹介する．

具体的には，プロビットモデル，ロジットモデル，トビットモデルを取り上げる．離散選択モデルは，線形関数を説明変数にもつ点で線形回帰モデルの説明変数と同じであるが，２値データや２値以上の離散データ・順序データを被説明変数とする点で異なる．mixed logit model（Glasgow, 2001）や nested logit model（Lahiri and Gao, 2002）については，ここでは扱わない．

4.1 二項プロビットモデル

例えば，個人 i が，選挙時に与党候補者に投票する（$y_i=1$），投票しない（$y_i=0$）という投票行動問題を例にあげよう．こうした投票行動においては，個人の性別や所得水準などの個人属性，候補者のマニフェストに賛同するかどうかや候補者の知名度などが影響すると考えられる．これらの要因を説明変数 $x_i=(x_{i0}, \cdots, x_{ik})$ とし，これに対応するパラメータベクトルを $\beta=(\beta_0, \cdots, \beta_k)^\top$ とすると，投票行動時に効用最大となる選択は，

$$y_i=\begin{cases} 1, & \mathit{if} \quad x_i\beta+\varepsilon_i>0 \\ 0, & \text{その他} \end{cases} \tag{4.1}$$

となる．ただし，$\varepsilon_i \sim \text{i.i.d.}\mathcal{N}(0, \sigma^2)$ とする．$\tau=1/\sigma^2$ とすると，条件付き事後分布（尤度関数）は，

$$P(y_i=1|x_i, \beta, \tau)=1-\Phi(-x_i\beta\tau^{-1/2})=\Phi(x_i\beta\tau^{-1/2}) \tag{4.2}$$

$$P(y_i=0|x_i, \beta, \tau)=\Phi(-x_i\beta\tau^{-1/2})=1-\Phi(x_i\beta\tau^{-1/2}) \tag{4.3}$$

となる．$\tau=1$ のとき，

$$P(y_i=1|x_i,\beta)=1-\Phi(-x_i\beta)=\Phi(x_i\beta) \tag{4.4}$$

$$P(y_i=0|x_i,\beta)=\Phi(-x_i\beta)=1-\Phi(x_i\beta) \tag{4.5}$$

となるが，Φ が標準正規分布の関数形をとるとき，このモデルは**二項プロビットモデル**（binary probit model）という．Φ がロジスティック分布の関数形となるときにはロジットモデルとなる．二項ロジットモデルについては次節で取り上げる．

Φ の数値積分を直接求めることは困難であるため，以下のような潜在変数 y_i^* を導入することにより，ギブズ・サンプラーを適用した事後分布推定が可能となる．

$$y_i^*|\beta \sim \begin{cases} \mathcal{TN}_{(0,\infty)}(x_i\beta, 1), & \text{if} \quad y_i=1 \\ \mathcal{TN}_{(-\infty,0]}(x_i\beta, 1), & \text{if} \quad y_i=0 \end{cases} \tag{4.6}$$

ここで $\mathcal{TN}_{[a,b]}(\mu,\sigma^2)$ は，区間 $[a,b]$ で切断された正規分布（平均 μ，分散 σ^2）を意味する．

β の事前分布を $\beta\sim\mathcal{N}(b_0,B_0)$ とすると，y^* が与えられたときの条件付き事後分布は，

$$\beta|y^*\sim\mathcal{N}(b_1,B_1) \tag{4.7}$$

となる．ただし，$b_1=B_1(B_0^{-1}b_0+X^\top y^*)$，$B_1^{-1}=B_0^{-1}+X^\top X$，$X=(x_1,\cdots,x_n)^\top$ である．b_0 および B_0 は，初期値として適当な値を与える．

プロビットモデルのギブズ・サンプラー

1. 繰り返し回数を $s=0,\cdots,ndraw$ とする
2. $s=0$ とし，初期値である事前分布 $\beta^{s=0}\sim\mathcal{N}(b_0,B_0)$ を決定
3. β^s から β^{s+1} を生成
   3.1　$y_i^{*s+1}|\beta^s$ を生成する
   3.2　$\beta^{s+1}|y_i^{*s+1}$ を生成する
4. $s+1<ndraw$ のとき 3.に戻る．$s=ndraw$ のとき計算終了

MH アルゴリズムを適用する場合，$\beta^{s=0}\sim\mathcal{N}(b_0,B_0)$ を決定したのちに，提案分布の密度関数 $q(\beta^s,\tilde{\beta})$ を与えて，受容確率 $\rho(\beta^s,\tilde{\beta})$ を計算することによりサンプリングする．例えば，最尤法によるパラメータ推定値 $\hat{\beta}$ とその共分散 $\hat{\Sigma}$ を

使って，提案密度分布を $\tilde{\beta} \sim \mathcal{N}(\beta^{s-1}, \tau^2\hat{\Sigma})$ とすると，次のような受容確率を計算すればよい．

$$\rho(\beta^{s-1}, \tilde{\beta}) = \min\left(\frac{p(\tilde{\beta})}{p(\beta^{s-1})} \frac{q(\beta^{s-1}, \tilde{\beta})}{q(\tilde{\beta}, \beta^{s-1})}, 1\right) \tag{4.8}$$

プロビットモデルの MH アルゴリズム

1. 繰り返し回数を $s=0, \cdots, ndraw$ とする
2. $s=0$ とし，初期値である事前分布 $\beta^{s=0} \sim \mathcal{N}(b_0, B_0)$ を決定
3. β^{s-1} から $\tilde{\beta} \sim \mathcal{N}(\beta^{s-1}, \tau^2\hat{\Sigma})$ を生成
4. 受容確率 $\rho(\beta^{s-1}, \tilde{\beta})$ を計算
5. 一様乱数 $\boldsymbol{u} \sim \mathcal{U}(0, 1)$ を発生させ，次のように判定する

$$\beta^s = \begin{cases} \tilde{\beta}, & if \quad \boldsymbol{u} \leq \rho(\beta^{s-1}, \tilde{\beta}) \\ \beta^{s-1}, & \text{その他} \end{cases}$$

6. $s < ndraw$ のとき 3.に戻る．$s = ndraw$ のとき計算終了

R と WinBUGS を使って計算してみよう．R では，**bayesm** と **MCMCpack** パッケージを使ってプロビットモデルのギブズ・サンプラーが適用できる．

表 4.1　“leisure.csv” のデータ概要

記号	意味	説明
id	ID 番号	調査対象者の ID 番号
gend	性別	男性＝1，女性＝2
age	年齢	1. 10 代，2. 20 代，3. 30 代，4. 40 代，5. 50 代，6. 60 代以上
dwell	居住地	1. 市内，2. 30 分以内，3. 1 時間以内，4. 1.5 時間以内，5. 1.5 時間以上
person	同伴者	1. あり，2. なし
rep	リピーター	1. 1 回目，2. 2 回目，3. 3 回目，4. 4～5 回目，5. 6～10 回目，6. 10 回以上
jisha	来訪目的	1. 来訪目的の 1 つが寺社めぐりである，2. そうではない
shizen		1. 来訪目的の 1 つが自然散策である，2. そうではない
kaimono		1. 来訪目的の 1 つが買い物である，2. そうではない
sonota		1. 来訪目的の 1 つがその他である，2. そうではない
budget	予算	1. 1000 円以下，2. 2000 円以下，3. 4000 円以下，4. 6000 円以下，5. 8000 円以下，6. 10000 円以下，7. 10001 円以上
sat1	満足度 1	1. 非常に不満，2. やや不満，3. 普通，4. やや満足，5. 非常に満足
sat2	満足度 2	1. 満足度 1 に 4 か 5 を回答，2. それ以外

各パッケージにもさまざまなデータが標本データとして提供されているが，ここではマーケティングでの満足度調査データを想定して作成したデータを用いることにする．"leisure. csv" を R のインストールされたフォルダにコピーして用いる．記号と変数の意味は表 4.1 のとおりである．ID 番号以外は離散値である．

MCMCpack の MCMCprobit を用いて，二項プロビットモデルのギブズ・サンプラーによる計算例を示す（図 4.1，4.2）．ここでは，サンプリング回数や説明変数を減らしてモデル推定を行っているが，当然のことながら，これらを増やすと計算時間が長くなる．PC の性能によって，適当な時間に計算が終わらない場合は，計算回数を減らして計算してみるとよい．

図 4.1 や図 4.2 の計算結果のうち，パラメータの確率密度分布をみると，性別

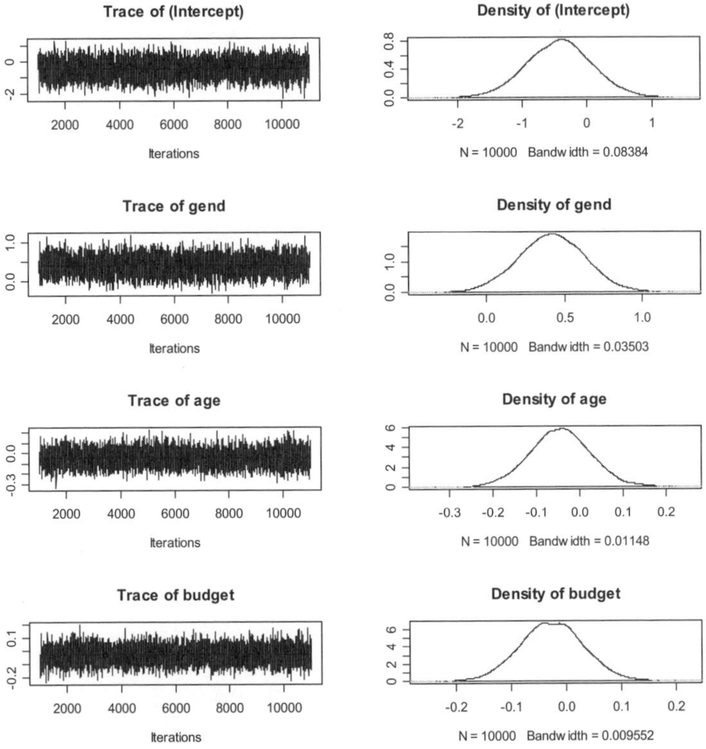

図 4.1　MCMCprobit による二項プロビットモデルの計算結果

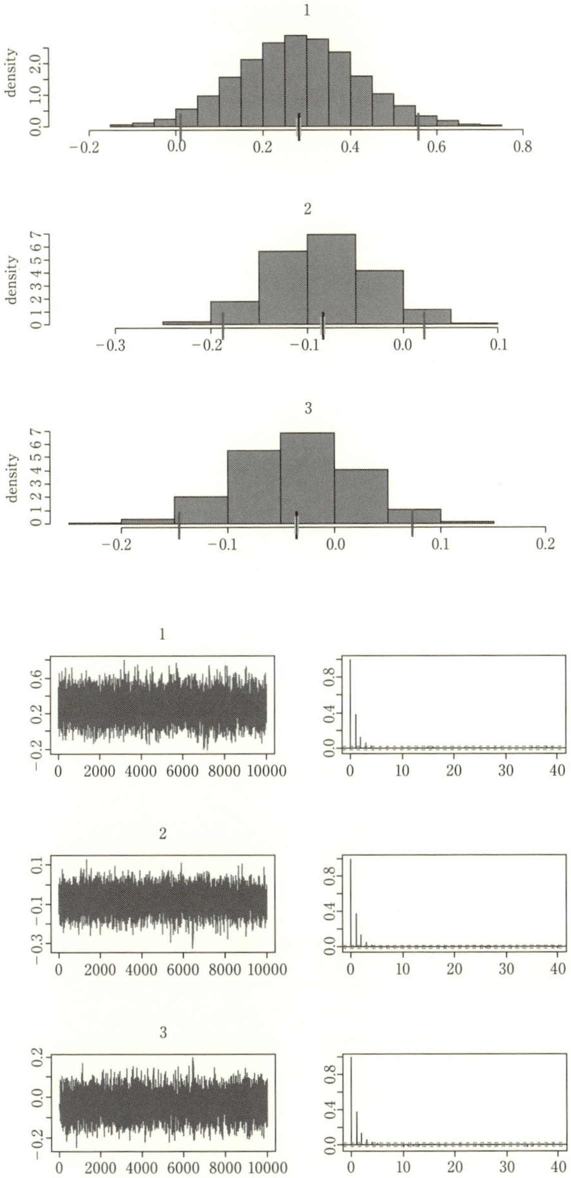

図 4.2　bayesm パッケージによる二項プロビットモデルの計算結果

については正の値となるが，年齢と予算については平均が負の値であるもののばらつきがあることがわかる．このことから，満足度には個人差があるのではないかと考えられる．パラメータにばらつきがある，あるいは嗜好に個人差があるなどといった場合には，第5章で紹介するマルチレベルモデルを適用することがある．

```
library(MCMCpack)
leisure <- read.table("leisure.csv", sep=",", header=T)
summary(leisure)
# 定数項を除いて推定
pro.post1 <- MCMCprobit(sat2~gend+age+budget, data=leisure, burnin=
1000, mcmc=10000, b0=0, B0=0.001)
summary(pro.post1)
plot(pro.post1)
```

bayesm パッケージで二項プロビットモデルを推定するには **rbprobitGibbs** を適用する．

```
library(bayesm)
Data2 <- list(X=cbind(leisure$gend, leisure$age, leisure$budget), y=leisure$sat
2)
mcmc2 <- list(R=1000, keep=1)
pro.post2 <- rbprobitGibbs(Data=Data2, Mcmc=mcmc2)
summary(pro.post2$betadraw)
plot(pro.post2$betadraw)
```

この方法では，あらかじめ稼働検査期間を指定していないため，変数を要約する際にあらためて稼働検査期間を指定する．

```
summary(pro.post2$betadraw, burnin=1000)
```

WinBUGS を使う場合，以下の probit.txt ファイルをつくり，R がインストールされているフォルダに保存する（以下のモデルでは，定数項が含まれている）．

```
model{
for(i in 1:n){
y[i]~dbin(p[i],1)
p[i]<- phi(b0+b1*X[i,1]+b2*X[i,2]+b3*X[i,3])}
b0~dnorm(0,0.001)
b1~dnorm(0,0.001)
b2~dnorm(0,0.001)
b3~dnorm(0,0.001)}
```

次に，R 上で **R2WinBUGS** を呼び出し，プロビットモデルを推定する．

```
library(R2WinBUGS)
X=cbind(leisure$gend,leisure$age,leisure$budget)
y=leisure$sat2
n <- nrow(X)
data <- list("n","y","X")
inits <- function(){
list(b0=0,b1=1,b2=1,b3=1)}
parameters <- c("b1","b2","b3")
pro.post3 <- bugs(data,inits,parameters,
model.file="probit.txt",debug=FALSE,
n.chains=3,n.iter=10000,n.burnin=1000,
bugs.directory="C:/Program Files/WinBUGS14",
working.directory=NULL)
```

すると，以下のような推定結果が得られる（図 4.3）．

```
> print(pro.post3,digits=3)
Inference for Bugs model at "probit.txt", fit using WinBUGS,
3 chains, each with 10000 iterations(first 1000 discarded), n.thin=27
n.sims=1002 iterations saved
```

	mean	sd	2.5%	25%	50%	75%	97.5%	Rhat	n. eff
b1	0.408	0.206	0.001	0.276	0.411	0.542	0.797	1.001	1000
b2	−0.048	0.070	−0.183	−0.093	−0.049	−0.001	0.097	1.001	1000
b3	−0.029	0.055	−0.139	−0.066	−0.029	0.009	0.075	1.002	990
deviance	226.914	2.613	223.500	224.900	226.400	228.300	233.395	1.001	1000

For each parameter, n. eff is a crude measure of effective sample size,
and Rhat is the potential scale reduction factor(at convergence, Rhat=1).

DIC info(using the rule, pD=Dbar−Dhat)
pD=3.9 and DIC=230.8
DIC is an estimate of expected predictive error(lower deviance is better).

表 4.1 に示した説明変数の組み合わせを変えて，モデルを推定してみるとよい．DIC と pD については 6.1 節で説明する．

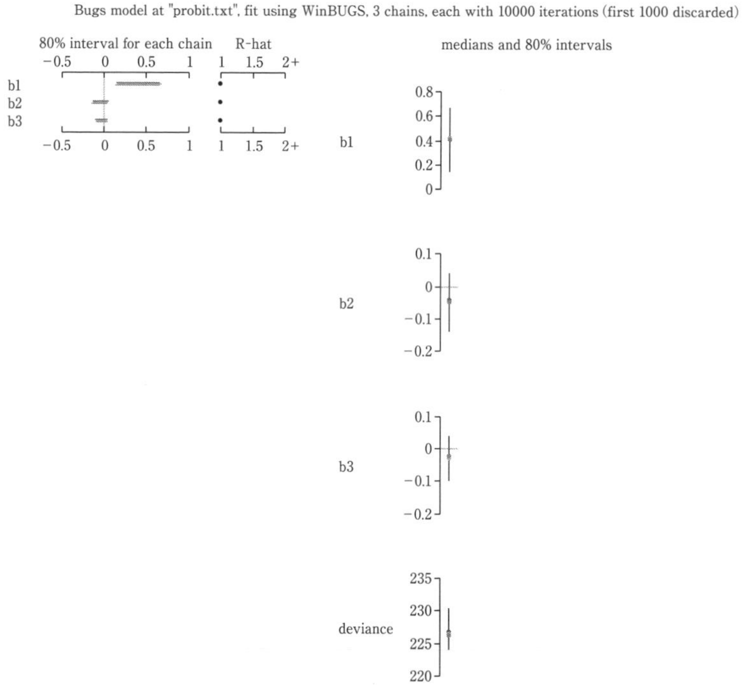

図 4.3　R2WinBUGS による二項プロビットモデルの計算結果

4.2　二項ロジットモデル

プロビットモデルで示した条件付き事後分布

$$P(y_i=1|x_i,\beta)=1-\Phi(-x_i\beta)=\Phi(x_i\beta) \tag{4.9}$$

$$P(y_i=0|x_i,\beta)=\Phi(-x_i\beta)=1-\Phi(x_i\beta) \tag{4.10}$$

の Φ がロジスティック分布の関数形となるとき，

$$P(y_i=1|x_i,\beta)=\Phi(x_i\beta)=\frac{\exp\{x_i\beta\}}{1+\exp\{x_i\beta\}} \tag{4.11}$$

$$\begin{aligned}P(y_i=0|x_i,\beta)&=\Phi(-x_i\beta)=1-\frac{\exp\{x_i\beta\}}{1+\exp\{x_i\beta\}}\\&=\frac{1}{1+\exp\{x_i\beta\}}\end{aligned} \tag{4.12}$$

と表すことができる．このようなモデルは**二項ロジットモデル**（binary logit model）と呼ばれる．

$$\frac{P(y_i=1|x_i,\beta)}{P(y_i=0|x_i,\beta)}=\frac{\exp\{x_i\beta\}}{1+\exp\{x_i\beta\}}\frac{1+\exp\{x_i\beta\}}{1}=\exp\{x_i\beta\} \tag{4.13}$$

このとき，条件付き事後分布の逆関数（ロジット関数）は次式のようになる．

$$x_i\beta=\mathrm{logit}\frac{P(y_i=1|x_i,\beta)}{1-P(y_i=1|x_i,\beta)} \tag{4.14}$$

このことから，WinBUGS のプロビットモデルのプログラムを以下のように書き換えればよい（logit.txt）．

```
model{
for(i in 1:n){
y[i]~dbin(p[i],1)
logit(p[i])<- b1*X[i,1]+b2*X[i,2]+b3*X[i,3]}
b1~dnorm(0,0.001)
b2~dnorm(0,0.001)
b3~dnorm(0,0.001)}
```

R 上で，次の手順により計算を実行する．

```
X=cbind(leisure$gend,leisure$age,leisure$budget)
y=leisure$sat2
```

```
n <- nrow(X)
data <- list("n","y","X")
inits <- function(){
list(
b1=rnorm(1, 0, 0.001),
b2=rnorm(1, 0, 0.001),
b3=rnorm(1, 0, 0.001))}
parameters <- c("b1","b2","b3")
log.post2 <- bugs(data, inits, parameters,
model.file="logit.txt", debug=FALSE,
n.chains=3, n.iter=10000, n.burnin=1000,
bugs.directory="C:/Program Files/WinBUGS14",
working.directory=NULL)
```

すると，以下のような結果が得られる（図 4.4）.

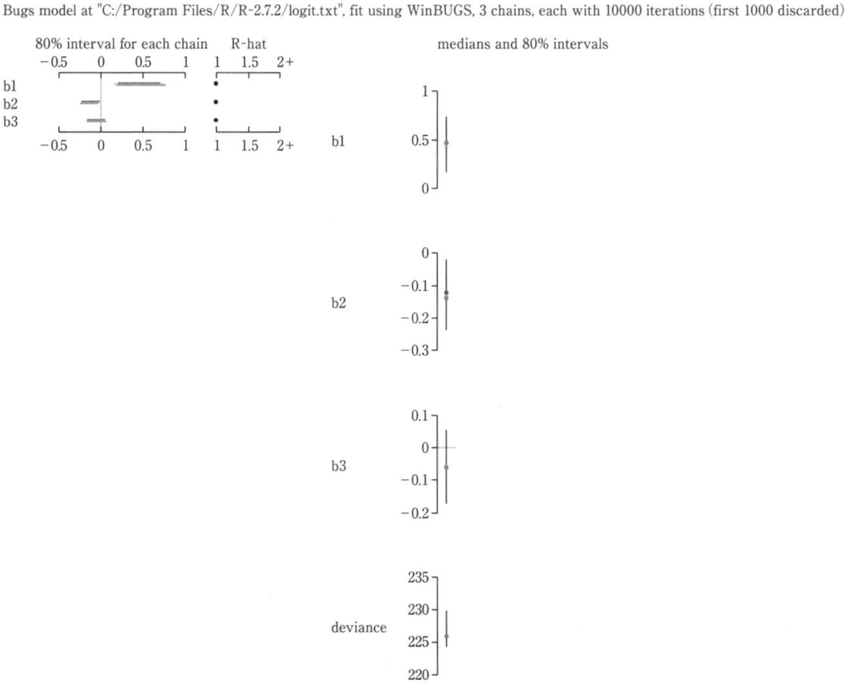

図 4.4 R2WinBUGS による二項ロジットモデルの計算結果

```
> print(log. post2, digits=3)
Inference for Bugs model at "C:/Program Files/R/R-2.7.2/logit.txt", fit using
WinBUGS,
3 chains, each with 10000 iterations(first 1000 discarded), n. thin=27
n. sims=1002 iterations saved
            mean     sd    2.5%     25%     50%     75%   97.5%  Rhat n. eff
b1         0.459  0.222   0.032   0.305   0.460   0.616   0.877 1.003 1000
b2        -0.134  0.086  -0.302  -0.193  -0.134  -0.073   0.030 1.006  330
b3        -0.062  0.090  -0.240  -0.121  -0.062  -0.001   0.122 1.000 1000
deviance 226.737  2.442 224.000 224.925 226.100 227.775 232.997 1.008  480

For each parameter, n. eff is a crude measure of effective sample size,
and Rhat is the potential scale reduction factor(at convergence, Rhat=1).

DIC info(using the rule, pD=Dbar-Dhat)
pD=3.0 and DIC=229.7
DIC is an estimate of expected predictive error(lower deviance is better).
```

R の **MCMCpack** パッケージにある **MCMClogit** を使っても計算できる．

```
log. post1 <- MCMClogit(sat2~gend+age+budget-1, data=leisure, burnin=1000,
mcmc=10000, b0=0, B0=0.001)
summary(log. post1)
plot(log. post1)
```

以下のような計算結果が得られる（図 4. 5)．

```
> summary(log. post1)
Iterations=1001:11000
Thinning interval=1
Number of chains=1
Sample size per chain=10000

1. Empirical mean and standard deviation for each variable,
```

plus standard error of the mean:

	Mean	SD	Naive SE	Time-series SE
gend	0.45403	0.2286	0.002286	0.006974
age	−0.13106	0.0886	0.000886	0.003121
budget	−0.06319	0.0921	0.000921	0.002944

2. Quantiles for each variable:

	2.5%	25%	50%	75%	97.5%
gend	0.002459	0.3033	0.45453	0.6001149	0.91065
age	−0.306707	−0.1906	−0.13053	−0.0736864	0.04396
budget	−0.243822	−0.1260	−0.06335	0.0005509	0.11695

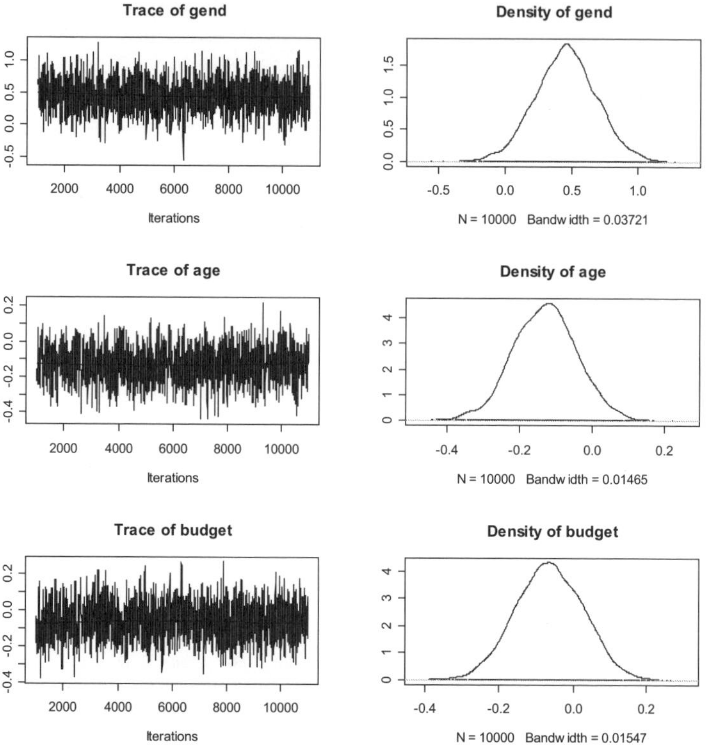

図 4.5 MCMClogit による二項ロジットモデルの計算結果

4.3　トビットモデル

被説明変数 y_i がある閾値を超えたときにのみ観測される回帰モデルを**トビットモデル**（tobit model）という．このようなモデルを**打ち切りのあるモデル**（censored model）ともいう．閾値を 0 とすると，このモデルは次のように表すことができる．

$$y_i^* = x_i\beta + \varepsilon_i$$
$$y_i = \begin{cases} y_i^*, & if \quad y_i^* > 0 \\ 1, & \text{その他} \end{cases} \tag{4.15}$$

$\tau = 1/\sigma^2$ とし，β および τ の事前分布を

$$\beta \sim \mathcal{N}(b_0, B_0) \tag{4.16}$$

$$\tau \sim \mathcal{G}\left(\frac{b_0}{2}, \frac{v_0 S_0}{2}\right) \tag{4.17}$$

とおくと，$y_i^* = (y_1^*, \cdots, y_n^*)$ が与えられたときの条件付き事後分布は，

$$\beta|\tau, y^* \sim \mathcal{N}(b_1, B_1) \tag{4.18}$$

$$\tau|\beta, y^* \sim \mathcal{G}\left(\frac{b_0}{2}, \frac{v_0 S_0}{2}\right) \tag{4.19}$$

となる．ただし，$v_1 = v_0 + v$，$v_1 S_1 = v_0 S_0 + (y^* - x_i\beta)^\top (y^* - x_i\beta)$，$b_1 = B_1(B_0^{-1} b_0 + X^\top y^*)$，$B_1^{-1} = B_0^{-1} + X^\top X$，$X = (x_1, \cdots, x_n)^\top$ である．

潜在変数 y_i^* は，

$$y_i^*|\beta, \tau \sim \mathcal{TN}_{(-\infty, 0]}(x_i\beta, \tau^{-1}) \tag{4.20}$$

であるため，これについてギブズ・サンプリングを行う．

トビットモデルのギブズ・サンプラー

1. 繰り返し回数を $s = 0, \cdots, ndraw$ とする
2. $s = 0$ とし，初期値である事前分布 $\beta^{s=0} \sim \mathcal{N}(b_0, B_0)$ および $\tau^{s=0} \sim \mathcal{G}(b_0/2, v_0 S_0/2)$ を決定
3. β^s から β^{s+1} を生成
   3.1　$y_i^{*s+1}|\beta^s, \tau^s$ を生成する
   3.2　$\beta^{s+1}|y_i^{*s+1}, \tau^s$ を生成する
   3.3　$\tau^{s+1}|y_i^{*s+1}, \beta^{s+1}$ を生成する
4. $s+1 < ndraw$ のとき 3.に戻る．$s = ndraw$ のとき計算終了

R では **MCMCpack** の **MCMCtobit** 関数を使ってトビットモデルを計算できる.

```
tob.post1 <- MCMCtobit(sat2~gend+age+budget-1, data=leisure, burnin=1000,
mcmc=10000, b0=0, B0=0.001)
summary(tob.post1)
plot(tob.post1)
```

このとき，以下のような結果が得られる（図 4.6）.

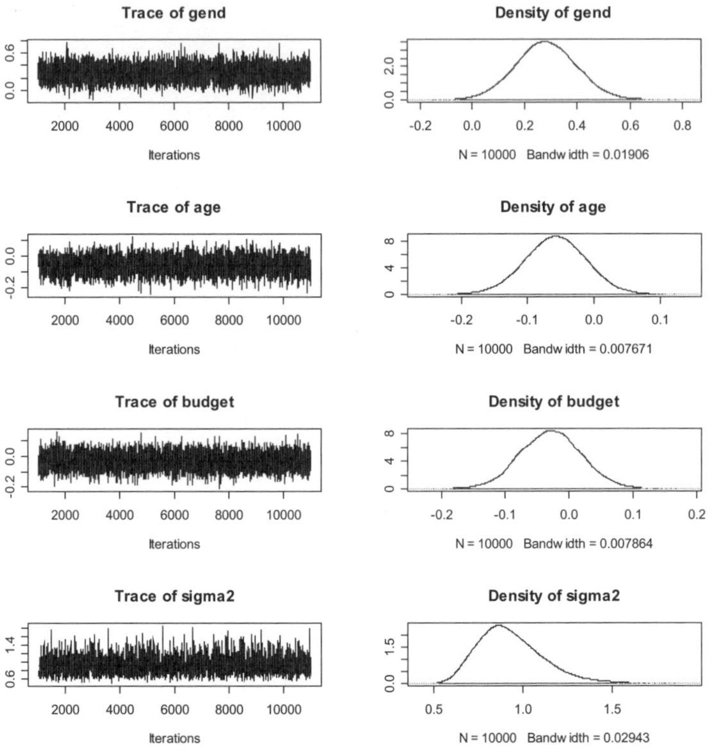

図 4.6　MCMCtobit によるトビットモデルの計算結果

```
> summary(tob.post1)

Iterations=1001:11000
Thinning interval=1
Number of chains=1
Sample size per chain=10000

1. Empirical mean and standard deviation for each variable,
   plus standard error of the mean:
              Mean       SD   Naive SE   Time-series SE
gend       0.28069  0.11464  0.0011464        0.0015757
age       -0.05783  0.04628  0.0004628        0.0006579
budget    -0.02888  0.04723  0.0004723        0.0006227
sigma2     0.93013  0.18065  0.0018065        0.0040103

2. Quantiles for each variable:
              2.5%       25%       50%        75%     97.5%
gend       0.05573   0.20451   0.28053   0.356518   0.50688
age       -0.15126  -0.08826  -0.05751  -0.027076   0.03175
budget    -0.12120  -0.06077  -0.02878   0.001953   0.06383
sigma2     0.64122   0.80207   0.90766   1.036827   1.34858
```

また，WinBUGS では以下のように記述する．

```
model{
for(i in 1:n){
ones[i]<- 1
ones[i]~dbern(p[i])
term1[i]<- ct*pow(tau, 1/2)*exp(-0.5*tau*pow(y[i]-mu[i], 2))
term2[i]<- phi(-mu[i]*pow(tau, 1/2))
p[i]<- pow(term1[i], ind[i])*pow(term2[i], 1-ind[i])/K
mu[i]<- b1*X[i, 1]+b2*X[i, 2]+b3*X[i, 3]}
b1~dnorm(0, 0.001)
b2~dnorm(0, 0.001)
```

```
b3~dnorm(0, 0.001)
tau~dgamma(0.001, 0.001)}
```

R上で，次のようにして計算を実行する.

```
library(R2WinBUGS)
library(survival)
X=cbind(leisure$gend, leisure$age, leisure$budget)
y=leisure$sat2
n <- nrow(X)
K <- 10000
ct <- 1/sqrt(2*3.1416)
ind <- 1*(y>0)
result <- survreg(Surv(y, y>0, type='left') ~X[, 1]+X[, 2]+X[, 3],
dist='gaussian')
par. 1 <- result$coef
data <- list("n", "K", "ct", "y", "ind", "X")
inits <- function(){
list(
b1=result$coef[[1]],
b2=result$coef[[2]],
b3=result$coef[[3]],
tau=dgamma(1, 0.1, 0.1))}
parameters <- c("b1", "b2", "b3")
tob. post2 <- bugs(data, inits, parameters,
model. file="tobit. txt", debug=FALSE,
n. chain=1, n. iter=10000, n. burnin=1000,
n. thin=1, DIC=TRUE, digits=4,
bugs. directory="C:/Program Files/WinBUGS14",
working. directory=NULL)
print(tob. post2, digit=3)
plot(tob. post2)
```

すると，以下のような結果が得られる（図4.7）.

```
> print(tob.post2, digits=3)
Inference for Bugs model at "C:/Program Files/R/R-2.7.2/tobit.txt", fit using
WinBUGS,
1 chains, each with 10000 iterations(first 1000 discarded)
n.sims=9000 iterations saved
              mean     sd     2.5%      25%      50%      75%    97.5%
b1           0.281  0.119    0.044    0.199    0.281    0.360    0.521
b2          -0.057  0.046   -0.151   -0.088   -0.057   -0.026    0.033
b3          -0.031  0.048   -0.127   -0.064   -0.032    0.003    0.062
deviance  3380.602  2.867 3377.000 3378.000 3380.000 3382.000 3388.000

DIC info(using the rule, pD=Dbar-Dhat)
pD=4.1 and DIC=3384.7
DIC is an estimate of expected predictive error(lower deviance is better).
```

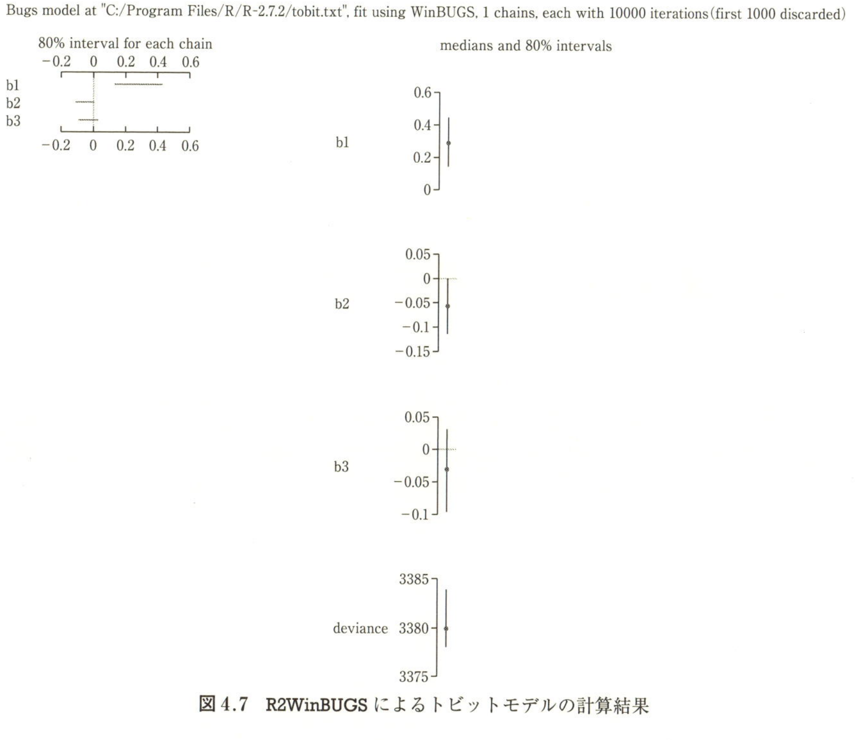

図 4.7 R2WinBUGS によるトビットモデルの計算結果

4.4 順序プロビットモデル

満足度のように（2つ以上の）順位が付けられているようなカテゴリカルデータ（順序データ）を被説明変数に用いる場合には，**順序プロビットモデル**（ordered probit model）が適用できる．いま，$0, \cdots, J$ からなる順序カテゴリーに対して，以下のようなモデルを考える．

$$w_i = x_i\beta + \varepsilon_i \tag{4.21}$$

$$y_i = \begin{cases} 0, & if \quad w < \gamma_1 \\ 1, & if \quad \gamma_1 < w < \gamma_2 \\ & \vdots \\ J, & if \quad \gamma_J < w \end{cases} \tag{4.22}$$

誤差項 $\varepsilon_i \sim \text{i.i.d.}\mathcal{N}(0, 1)$ のとき，このモデルを順序プロビットモデルという．このモデルの尤度と事前情報は，次のようにして与えることができる．

$$\begin{aligned} P(y_i = 0 | x_i, \beta) &= P(w < \gamma_1 | x_i, \beta) = P(x_i\beta + \varepsilon_i < \gamma_1 | x_i, \beta) \\ &= P(\varepsilon_i < \gamma_1 - x_i\beta | x_i, \beta) = \Phi(\gamma_1 - x_i\beta) \end{aligned} \tag{4.23}$$

$$\begin{aligned} P(y_i = 1 | x_i, \beta) &= P(\gamma_1 < w < \gamma_2 | x_i, \beta) \\ &= P(\gamma_2 - x_i\beta < \varepsilon_i < \gamma_1 - x_i\beta | x_i, \beta) \\ &= \Phi(\gamma_2 - x_i\beta) - \Phi(\gamma_1 - x_i\beta) \end{aligned} \tag{4.24}$$

$$\vdots$$

$$P(y_i = J | x_i, \beta) = 1 - \Phi(\gamma_J - x_i\beta) \tag{4.25}$$

このとき，次式についてギブズ・サンプラーを適用することにより，条件付き事後分布が推定できる．

$$y_i^* | \beta \sim \begin{cases} \mathcal{TN}_{(-\infty, \gamma_1]}(x_i\beta, 1), & if \quad y_i = 0 \\ \mathcal{TN}_{[\gamma_1, \gamma_2]}(x_i\beta, 1), & if \quad y_i = 1 \\ \quad \vdots & \\ \mathcal{TN}_{[\gamma_J, \infty)}(x_i\beta, 1), & if \quad y_i = J \end{cases} \tag{4.26}$$

ここで，$\gamma_j \sim \mathcal{N}(r_j, R_j)$, $(j = 0, \cdots, J)$ である．

β の事前分布を $\beta \sim \mathcal{N}(b_0, B_0)$ とすると，y^* が与えられたときの条件付き事後分布は，

$$\beta | y^* \sim \mathcal{N}(b_1, B_1) \tag{4.27}$$

となる．ただし，$b_1 = B_1(B_0^{-1}b_0 + X^\top y^*)$，$B_1^{-1} = B_0^{-1} + X^\top X$，$X = (x_1, \cdots, x_n)^\top$ で

ある．

順序プロビットモデルのギブズ・サンプラー

1.　繰り返し回数を $s=0, \cdots, ndraw$ とする
2.　$s=0$ とし，初期値である事前分布 $\beta^{s=0} \sim \mathcal{N}(b_0, B_0)$ および $\gamma^{s=0} \sim \mathcal{N}(r, R)$ を決定
3.　β^s から β^{s+1} を生成
    3.1　$y_i^{*s+1} | \beta^s, \gamma^s$ を生成する
    3.2　$\beta^{s+1} | y_i^{*s+1}, \gamma^s$ を生成する
4.　$s < ndraw$ のとき 3.に戻る．$s = ndraw$ のとき計算終了

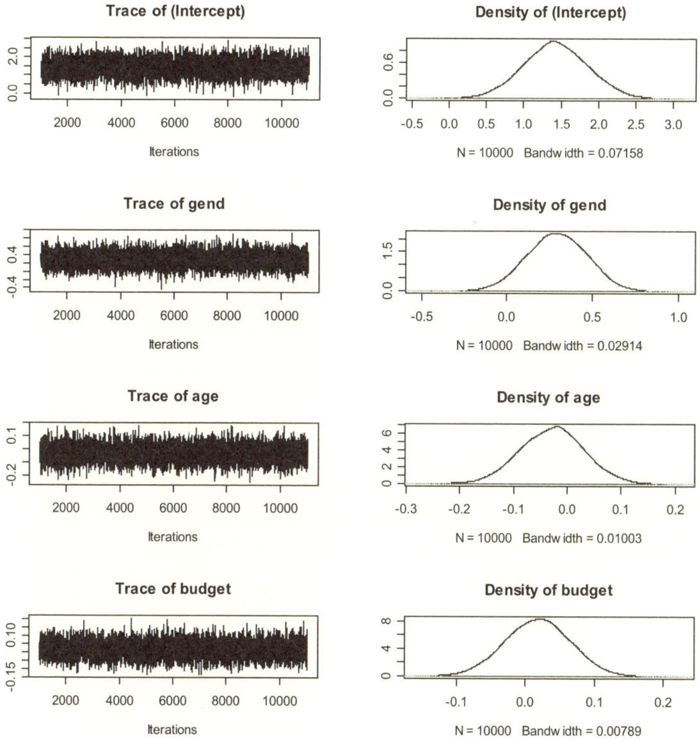

図 4.8　MCMCoprobit による順序プロビットモデルの計算結果

R では，**MCMCpack** パッケージの **MCMCoprobit** を使って，次のように計算できる．ここでは，被説明変数として sat1 を使う．結果を図 4.8 に示す．

```
oprob.post1 <- MCMCoprobit(as.factor(sat1) ~gend+age+budget,
data=leisure,
burnin=1000, mcmc=10000, b0=0, B0=0.001)
summary(oprob.post1)
plot(oprob.post1)
```

4.5 多項プロビットモデル

4.1 節および 4.2 節では，(0, 1) の 2 値を選択するような二項選択モデルを扱った．マーケティングにおけるブランド選択や交通行動における交通手段選択などの場面では，複数のブランドや交通手段の選択肢から 1 つの選択肢を選択することが多い．多項選択モデルの代表例として，**多項プロビットモデル**（multinomial probit model）があげられる（McCulloch and Rossi, 1994；Geweke *et al.*, 1994；Imai and van Dyk, 2005a；2005b）．

個人 i が p 個のカテゴリーから選択効用 u_{ij} が最大となる 1 つの選択肢 j を選択する選択問題を，以下のようなランダム効用モデルで表すことにする（Rossi *et al.*, 2006, pp.106–109）．

$$y_i = \sum_{j=1}^{p} j \times I(\max(u_i) = u_{ij}) \tag{4.28}$$

$$u_{ij} = X_i \delta + \xi_i,\ \xi_i \sim \text{i.i.d.} \mathcal{N}(0, \Omega) \tag{4.29}$$

$$X_j = \begin{pmatrix} x_{i1}^{\top} \\ \vdots \\ x_{ip}^{\top} \end{pmatrix}$$

ただし，$I(\max(u_i) = u_{ij})$ は要素 ij について $\max(u_i) = u_{ij}$ のときに 1，それ以外が 0 となる単位行列を意味する（潜在変数に対して線形モデルであるとき，**見かけ上無関係な回帰モデル**（seemingly unrelated regression model：SUR model）と呼ばれる）．

このような多項選択問題では説明変数 X_i が，個人属性と選択肢属性から構成されることが多い．このとき，個人属性が $\mathfrak{d}$ 個あり，選択肢属性行列を A とすると，$X_i=((1, \mathfrak{d}_i')\otimes I_p, A_i)$ と表すことができる．

p 個の選択カテゴリーに対して $j=0,\cdots,p-1$ とラベルを付けることにより，以下のような $p-1$ 個の潜在効用を考える．

$$w_i=X_i^d\beta+\varepsilon_i \tag{4.30}$$

$$w_{ij}=u_{ij}-u_{ip},\ \varepsilon_{ij}=\xi_{ij}-\xi_{ip}$$

$$X_i^d=\begin{pmatrix} x_{i1}^\top-x_{ip}^\top \\ \vdots \\ x_{i,p-1}'^\top-x_{ip}^\top \end{pmatrix}$$

ここで，$w_{ip}=0$ である．基準カテゴリーが p のとき，$j=0,\cdots,p-1$ について $d_{ij}=1$ となり，その場合 $w_{ij}=\max\,(w_{i1},\cdots,w_{ip-1})$ かつ $w_{ij}>0$ である．また観測された選択カテゴリーが p のとき，すべての $w_{ij}(j=1,\cdots,p-1)$ が負となり，$w_{ip}=0$ が最大となる．$\varepsilon_i\sim\mathcal{N}(0,\Sigma)$ のとき，上記モデルは多項プロビットモデルとなる．個人 i における選択肢 j の選択効用が u_{ij} であり，選択肢 j の選択肢 0 に対する選択効用差が w_{ij} だとすると，

$$w_{ij}=u_{ij}-u_{i0},\quad j\neq 0 \tag{4.31}$$

と表すことができる．$w_{ij}<0$ のとき，個人 i は選択肢 0 を選択する（$y_i=0$）．w_{ij} のうち 1 つでも正であれば，個人 i は w_{ij} が最大となる選択肢を選択する（$y_i=\max(w_i)$）．

多項選択問題を考えるときに重要なのは，観測しているのは w_i のカテゴリーなのであってその数値そのものではないということである．そこで，任意の正値 c を乗じることにより，観測データの尤度関数を変えないようにする．

$$cw_i=X_i^d(c\beta)+c\varepsilon_i \tag{4.32}$$

二項プロビットモデルの場合，$p=2$ かつ Σ がスカラーとなる．また古典的な（最尤法による）多項プロビットモデルの場合，Σ の（1,1）要素を $\sigma_{11}^2=1$ としている．

多項プロビットモデルをベイズ推定する場合，(β,Σ) の事前分布を次のようにおく．

$$\beta\sim\mathcal{N}(b_0, B_0) \tag{4.33}$$

$$\Sigma\sim\mathcal{IW}(v_0, R_0) \tag{4.34}$$

ここで，$\mathcal{IW}(v_0, R_0)$ は逆ウィシャート分布を意味する．このとき事後分布は，

$$\beta|\Sigma, w \sim \mathcal{N}(b_1, B_1) \tag{4.35}$$

$$\Sigma|\beta, w \sim \mathcal{IW}(v_1, R_1) \tag{4.36}$$

となる．ただし，

$$v_1 = v_0 + v \tag{4.37}$$

$$b_1 = B_1(B_0^{-1}b_0 + \textstyle\sum_{i=1}^{n}(X_i^d)^\top \Sigma^{-1} w_i) \tag{4.38}$$

$$B_1^{-1} = B_0^{-1} + \textstyle\sum_{i=1}^{n}(X_i^d)^\top \Sigma^{-1} X_i^d \tag{4.39}$$

$$R_1^{-1} = R_0^{-1} + \textstyle\sum_{i=1}^{n}(w_i - X_i^d\beta)(w_i - X_i^d\beta)^\top \tag{4.40}$$

である．v は，逆ウィシャート行列の自由度であり，例えば $(p-1)+3$ のような値を設定する．

ギブズ・サンプラーでは，したがって，次の手順で条件付き分布を求めればよい．

$$\left.\begin{array}{l}\Sigma|\beta, w \\ \beta|\Sigma, w\end{array}\right\rangle w|\beta, \Sigma, y, X^d \rightarrow y|\beta, \Sigma, w, X^d$$

w_i は $(p-1)$ 次元の切断された正規分布であるため，w の条件付き事後分布を直接求めることは難しい．そこで，w_{ij} の事後分布が次のような切断された正規分布に従うとする（Rossi *et al.*, 2005, p.108）．

$$\begin{aligned} w_{ij}|w_{i,-j}, y_i, \beta, \Sigma \sim \mathcal{N}(m_{ij}, \tau_{jj}^2) \\ \times [I(j=y_i)I(w_{ij} > \max(w_{i,-j}, 0)) \\ + I(j \neq y_i)I(w_{ij} < \max(w_{i,-j}, 0))] \end{aligned} \tag{4.41}$$

$$m_{ij} = x_{jj}^{d\prime}\beta + (-\sigma_{jj}\gamma_{j,-j})^\top(w_{i,-j} - X_{i,-j}^d\beta),\ \tau_{jj}^2 = 1/\sigma_{jj} \tag{4.42}$$

ただし，$\gamma_{j,-j}$ は Σ^{-1} の j 番目の要素を除いた j 番目の行，σ_{jj} は Σ^{-1} の (j, j) 要素である．また，

$$\Sigma^{-1} = \begin{pmatrix} \gamma'_1 \\ \vdots \\ \gamma'_{p-1} \end{pmatrix} \tag{4.43}$$

である．

多項プロビットモデルのギブズ・サンプラー

1. 繰り返し回数を $s=0, \cdots, ndraw$ とし，適当な初期値 b_0, B_0, v_0, R_0 を与える
2. $s=0$ とし，式(4.33) と式(4.34) をもとに事前分布 β^s, Σ^s および w^s を

生成

3. 式(4.41) より，w^sから $w^{s+1}|\beta^s, \Sigma^s$ を生成
4. 式(4.35) より，β^s から $\beta^{s+1}|w^{s+1}, \Sigma^s$ を生成
5. 式(4.36) より，Σ^s から $\Sigma^{s+1}|\beta^{s+1}, w^{s+1}$ を生成
6. $s < ndraw$ のとき 3.に戻る．$s = ndraw$ のとき計算終了

R では，**bayesm** パッケージの **rmnpGibbs** を使って多項プロビットモデルを推定することができる（McCulloch *et al.*, 2000；McCulloch and Rossi, 1994 を参照）．**createX** を使って説明変数に依存する属性（説明変数共通属性など）と，説明変数に依存しない属性（個人属性など）を作成したのち，ギブズ・サンプリングを行う．

ここではマーケティングでの商品選択調査データを想定して作成した“leisure2. csv”データを用いる（表 4.2）．「gend」と「age」が個人属性，「price」

表 4.2 “leisure2. csv”のデータ概要

記号	意味	説明
id	ID 番号	調査対象者の ID 番号
gend	性別	男性＝0，女性＝1
age	年齢	1. 10 代，2. 20 代，3. 30 代，4. 40 代，5. 50 代，6. 60 代以上
choice	選択結果	1. 1 を選択，2. 2 を選択，3. 3 を選択，4. 4 を選択
price	支払意志額	price1＝3 万円，price2＝5 万円，price3＝7 万円，price4＝9 万円
day	滞在日数	day1＝3 日，day2＝5 日，day3＝7 日，day4＝14 日

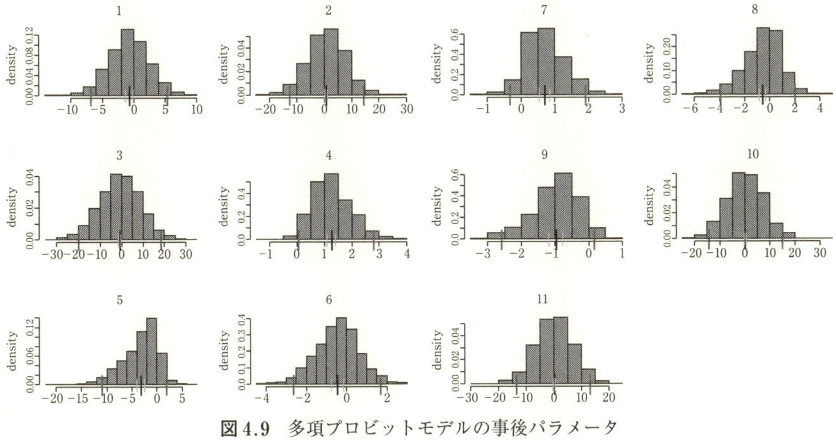

図 4.9 多項プロビットモデルの事後パラメータ

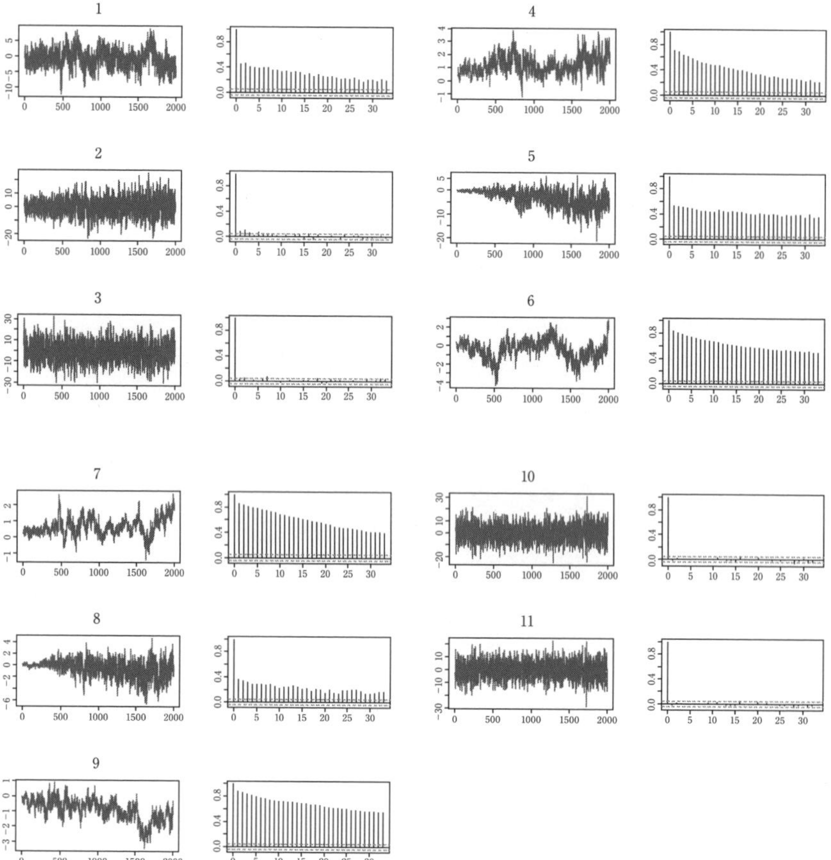

図 4.10 多項プロビットモデルの事後分散

と「day」が選択肢共通属性である．これら 4 変数を説明変数とし，「choice」を被説明変数とするモデルを推定する（図 4.9，4.10）．

```
library(MCMCpack)
library(bayesm)
# データ読み込み
leisure2 <- read.table("leisure2.csv", sep=",", header=T)
p <- 4                          # 選択肢数
```

```
n <- nrow(leisure2)        # 標本数
# 選択肢に依存する属性
na <- 2
price <- cbind(leisure2$price1, leisure2$price2, leisure2$price3, leisure2$price4)
days <- cbind(leisure2$day1, leisure2$day2, leisure2$day3, leisure2$day4)
Xa <- cbind(price, days)
# 選択肢に依存しない属性(個人属性)
nd <- 2
gend <- leisure2$gend
age <- leisure2$age
Xd <- cbind(gend, age)
# 説明変数
X <- createX(p, na=na, nd=nd, Xa=Xa, Xd=Xd, DIFF=TRUE, base=1)
data1 <- list(p=p, y=leisure2$choice, X=X)
mcmc1 <- list(R=2000, k=1)
le2. rmnp. post1 <- rmnpGibbs(Data=data1, Mcmc=mcmc1)
plot(le2. rmnp. post1$betadraw)
plot(le2. rmnp. post1$sigmadraw)
```

同様のマーケティングデータを，ランダムに生成し，モデルを適用することもできる（図 4.11，4.12）．

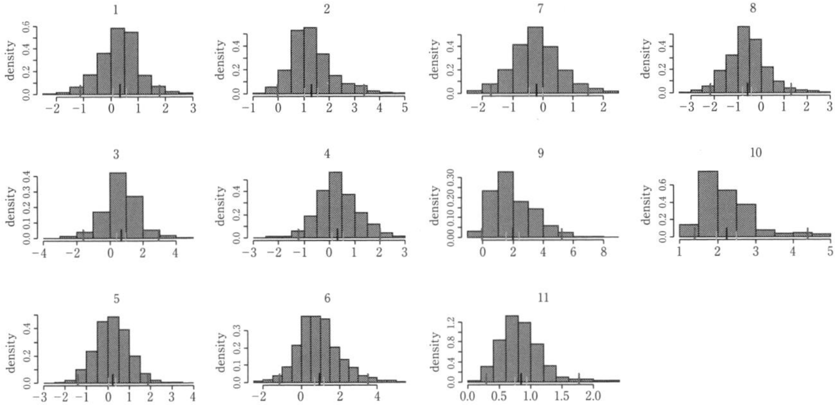

図 4.11　ランダムに生成したデータでの多項プロビットモデルの事後パラメータ

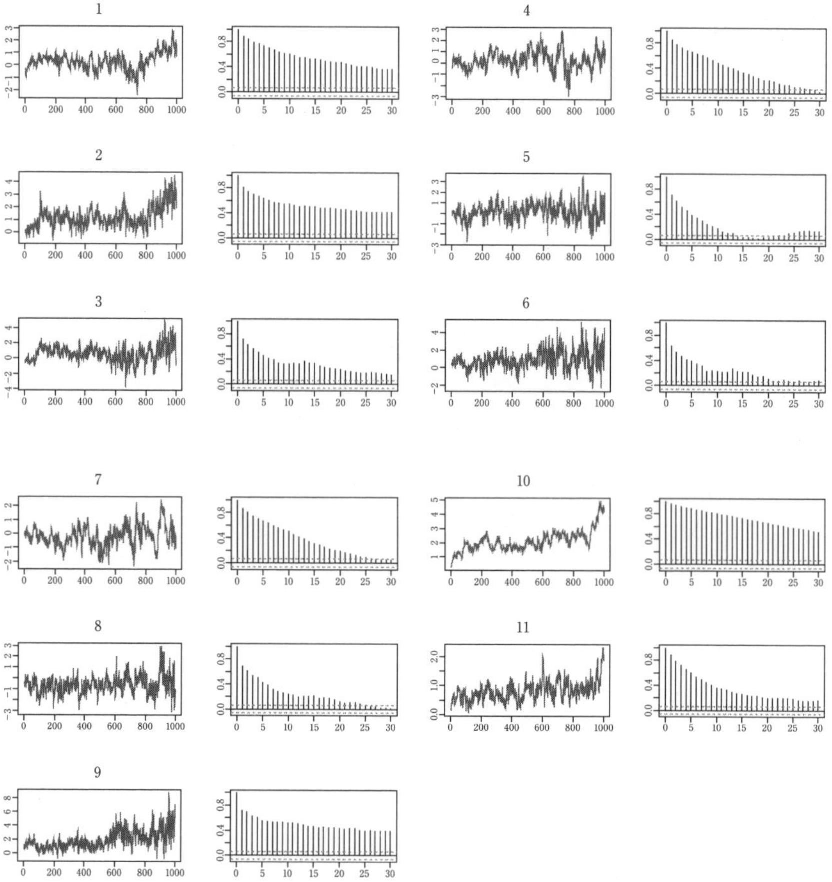

図 4.12 ランダムに生成したデータでの多項プロビットモデルの事後分散

```
# 説明変数行列を生成
p <- 4; n <- 100
gend <- sample(c(0, 1), n, replace=TRUE)
age <- sample(c(0, 1), n, replace=TRUE)
price <- matrix(runif(n*p, min=0, max=2), ncol=4, nrow=n)
days <- matrix(runif(n*p, min=0, max=2), ncol=4, nrow=n)
na <- 2; Xa <- cbind(price, days)
```

```
nd <- 2; Xd <- cbind(gend, age)
X <- createX(p=p, na=na, nd=nd, Xa=Xa, Xd=Xd, DIFF=TRUE, base=1)

# 被説明変数ベクトルを生成
beta <- c(runif(ncol(X), min=0, max=1))
sigma <- matrix(c(1, .33, .33, .33, 1, .33, .33, .33, 1), ncol=(p-1))
Xbeta <- X%*%beta
w <- as.vector(crossprod(chol(sigma), matrix(rnorm((p-1)*n), ncol=n))) +
Xbeta
w <- matrix(w, ncol=(p-1), byrow=TRUE)
maxw <- apply(w, 1, max)
indmax <- function(x) {which(max(x)==x)}
y <- apply(w, 1, indmax)
y <- ifelse(maxw< 0, p, y)

# 多項プロビットモデルを推定
data <- list(p=p, y=y, X=X)
mcmc <- list(R=1000, keep=1)
le2.rmnp.post2=rmnpGibbs(Data=data, Mcmc=mcmc)
plot(le2.rmnp.post2$betadraw)
plot(le2.rmnp.post2$sigmadraw)
```

これらの結果を，最尤推定法によるモデル推定結果と比較してみるとよいだろう．なお，多項ロジットモデルは次章で扱うことにする．

4.6 多変量プロビットモデル

多変量プロビットモデル（multivariate probit model）は，マーケティング分野などで複数の異なるカテゴリーの商品購入モデル推定などに用いられる方法である．個人 $i\,(=1, \cdots, n)$ が p 個 $(j=1, \cdots, p)$ の選択カテゴリーから選択肢 j を選択する場合，このモデルは，次式のように表すことができる．

$$w_i = X_i\beta + \varepsilon_i,\ \varepsilon_i \sim \mathcal{N}(0, \Sigma) \tag{4.44}$$

$$y_{ij} = \begin{cases} 1, & if \quad w_{ij} > 0 \\ 0, & \text{その他} \end{cases} \tag{4.45}$$

ここで，w_i は $p\times1$ ベクトルである．

z_i を共変量に関する $d\times1$ ベクトルとすると，説明変数 X_i とパラメータ行列 β は，

$$X_i=z_i^\top\otimes I_p \tag{4.46}$$

$$\beta=\begin{pmatrix}\beta_1\\ \vdots\\ \beta_p\end{pmatrix} \tag{4.47}$$

となる．ただし，β_i は $p\times1$ ベクトル，X は $p\times(p\times d)$ 行列である．

多変量プロビットモデルを MCMC 推定する場合，多項プロビットモデルと同様に，(β,Σ) の事前分布を式(4.33) および式(4.34) のようにおく．このとき，事後分布は式(4.35)～(4.40) のようになる．また，w_{ij} の事後分布が次のような切断された正規分布に従うとする．

$$\begin{aligned} w_{ij}|w_{i,-j},y_i,\beta,\Sigma &\sim \mathcal{N}(m_{ij},\tau_{jj}^2)\times[I(y_{ij}=1)I(w_{ij}>0)+I(y_{ij}=0)I(w_{ij}<0)]\\ m_{ij}&=x'_{jj}\beta+(-\sigma_{jj}\gamma_{j,-j})^\top(w_{i,-j}-X_{i,-j}\beta),\quad \tau_{jj}^2=1/\sigma_{jj} \end{aligned} \tag{4.48}$$

ただし，$\gamma_{j,-j}$ は Σ^{-1} の要素のうち $-j$ 番目の要素を除外した j 番目の行である．また，

$$\Sigma^{-1}=\begin{pmatrix}\gamma'_1\\ \vdots\\ \gamma'_{p-1}\end{pmatrix} \tag{4.49}$$

である．

多変量プロビットモデルのギブズ・サンプラー

1. 繰り返し回数を $s=0,\cdots,ndraw$ とし，適当な初期値 b_0, B_0, v_0, R_0 を与える
2. $s=0$ とし，式(4.33) と式(4.34) をもとに事前分布 β^s,Σ^s および w^s を生成
3. 式(4.48) より，w^s から $w^{s+1}|\beta^s,\Sigma^s$ を生成
4. 式(4.35) より，β^s から $\beta^{s+1}|w^{s+1},\Sigma^s$ を生成
5. 式(4.36) より，Σ^s から $\Sigma^{s+1}|\beta^{s+1},w^{s+1}$ を生成
6. $s<ndraw$ のとき 3.に戻る．$s=ndraw$ のとき計算終了

R では，**bayesm** パッケージの **rmvpGibbs** を使って多変量プロビットモデルを推定することができる（Barnard *et al.*, 2000 などを参照）．ここでは再び，“leisure. csv” のデータから来訪目的のデータのみを用いて多変量プロビットモデルを適用する（図 4.13, 4.14）．

```
y <- as.matrix(leisure[, 7:11])
p=ncol(y); n=nrow(y)
dimnames(y)=NULL
y=as.vector(t(y))
y=as.integer(y)
I_p=diag(p)
X=rep(I_p, n)
X=matrix(X, nrow=p)
X=t(X)
R=2000
Data=list(p=p, X=X, y=y)
Mcmc=list(R=R)
set.seed(66)
```

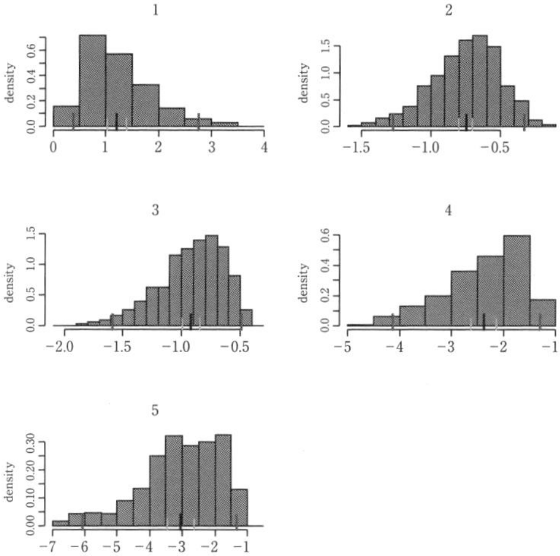

図 4.13 多変量プロビットモデルの事後パラメータ

```
le.rmvp.post1=rmvpGibbs(Data=Data, Mcmc=Mcmc)
plot(le.rmvp.post1$betadraw)
plot(le.rmvp.post1$sigmadraw)
```

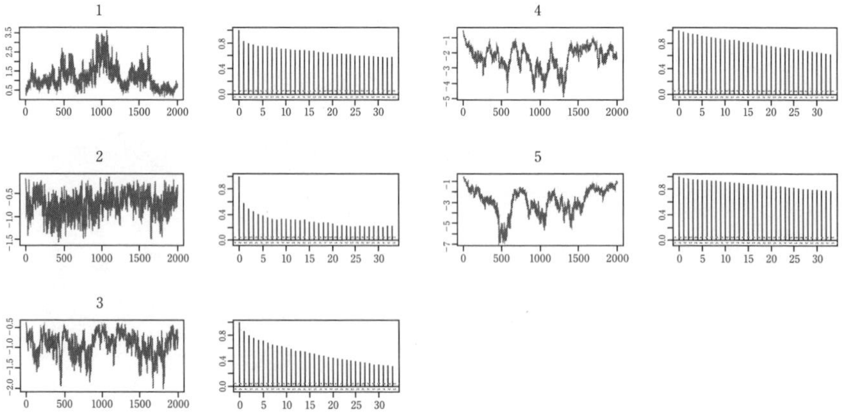

図 4.14 多変量プロビットモデルの事後分散

5. マルチレベルモデル

本章では，階層ベイズによるマルチレベルモデルについて取り上げる．このモデルは，前章までに取り上げたモデルとは異なり，モデルパラメータ（回帰係数や定数項）を個人やグループごとに推定することができる手法であり，保健医療や環境学などの自然科学分野のみならず，マーケティングや政治学などの社会科学分野でも注目されている（Kadar and Shively, 2005；Luke, 2004）．

マルチレベルモデルは，階層モデル，多水準モデルともいい，固定効果とランダム効果をもつ混合効果モデルである．階層線形モデル，ランダム係数モデル，分散要因モデルなど，さまざまな名前が使われることがある．本書では，階層ベイズとの混乱を避ける意味で，マルチレベルモデルの呼び方を使うことにする．

5.1 マルチレベルモデル

5.1.1 マルチレベルモデルの基礎

いま，グループ $j(=1,\cdots,m)$ に属する個人 $i(=1,\cdots,n)$ のデータが与えられているとする．説明変数が k 個あるとき，次のような単純な線形回帰モデルを考える．

$$y_{ij}=\beta_0+\beta_1 x_{ij1}+\cdots+\beta_k x_{ijk}+\varepsilon_i \tag{5.1}$$

ここで，β_0 は定数項，$\beta_1,\cdots,\beta_k$ は回帰係数，$\varepsilon_i \sim \text{i.i.d.}\mathcal{N}(0,\sigma_y^2)$ は誤差項である．

定数項や回帰係数の変動を，グループごとに認めるか否かによって，次のようなモデルが導かれる．

① 定数項と回帰係数が変動しないモデル　$y_{ij}=\beta_0+\beta_1 x_{ij1}+\cdots+\beta_k x_{ijk}+\varepsilon_i$

② 定数項が変動するモデル　$y_{ij}=\beta_{j0}+\beta_1 x_{ij1}+\cdots+\beta_k x_{ijk}+\varepsilon_i$

③ 回帰係数が変動するモデル　$y_{ij}=\beta_0+\beta_{j1} x_{ij1}+\cdots+\beta_{jk} x_{ijk}+\varepsilon_i$

④ 定数項と回帰係数が変動するモデル　$y_{ij}=\beta_{j0}+\beta_{j1} x_{ij1}+\cdots+\beta_{jk} x_{ijk}+\varepsilon_i$

このうち，②〜④がマルチレベルモデルに相当する．

いま，定数項と回帰係数が変動するモデル（上記のモデル④）を考えることにしよう．

$$y_{ij}=\beta_{j0}+\beta_{j1}x_{ij1}+\cdots+\beta_{jk}x_{ijk}+\varepsilon_i \tag{5.2}$$

ここで，

$$\boldsymbol{X}_i=\begin{pmatrix} x_{i11} & \cdots & x_{i1k} \\ \vdots & \ddots & \vdots \\ x_{im1} & \cdots & x_{imk} \end{pmatrix} \tag{5.3}$$

$$\boldsymbol{y}_i=(y_{i1},\quad \cdots,\quad y_{im})^\top \tag{5.4}$$

$$\boldsymbol{B}=\begin{pmatrix} \beta_{11} & \cdots & \beta_{1k} \\ \vdots & \ddots & \vdots \\ \beta_{m1} & \cdots & \beta_{mk} \end{pmatrix} \tag{5.5}$$

とすると，$\boldsymbol{y}_i=\beta_{0j}+\boldsymbol{X}_i\boldsymbol{B}+\varepsilon_i$ となる．ここで，$\boldsymbol{y}_i\sim\mathcal{N}(\beta_{0j}+\boldsymbol{X}_i\boldsymbol{B},\sigma_y^2)$である．

さらに β_{0j} が，

$$\beta_{0j}=b_{i1}z_{1ij}+\cdots+b_{iq}z_{ijq}+\eta_j,\quad \eta_j\sim\text{i.i.d.}\mathcal{N}(0,V_\beta) \tag{5.6}$$

のような回帰式で表すことができる場合，

$$\boldsymbol{Z}_i=\begin{pmatrix} z_{i11} & \cdots & z_{i1q} \\ \vdots & \ddots & \vdots \\ z_{im1} & \cdots & z_{imq} \end{pmatrix} \tag{5.7}$$

$$\boldsymbol{b}_i=(b_{i1}\quad \cdots\quad b_{iq})^\top \tag{5.8}$$

と置き換えることにより，

$$\boldsymbol{y}_i=\boldsymbol{X}_i\boldsymbol{B}+\boldsymbol{Z}_i\boldsymbol{b}_i+\varepsilon_i \tag{5.9}$$

となる．ここで，$\boldsymbol{b}_i\sim\mathcal{N}(0,\sigma_{b_i}^2)$である．

従来の計量経済学では，回帰係数 β について，グループや個人ごとにばらつきがある（分布をもつ）とする**ランダム効果モデル**（random effect models，変量効果モデルともいう）と，そのようなばらつき（分布）を認めないとする**固定効果モデル**（fixed effect models）とが区別されてきた．

式(5.9) のうち，$\boldsymbol{Z}_i\boldsymbol{b}_i$ はランダム効果であり，$\boldsymbol{X}_i\boldsymbol{B}$ は固定効果である．マルチレベルモデルは，このように，ランダム効果の要因と固定効果の要因が混在しているモデルであるため，**混合効果モデル**（mixed effect models）とも呼ばれている．R のパッケージでは，**lme4** などの線形混合効果モデルを扱うパッケージを使って，マルチレベルモデルを推定することができる（Bates, 2007）．

マルチレベルモデルは，複数の個人・グループの階層構造をもつ線形モデルとしても展開できることから，**階層線形モデル**（hierachical linear model）とも呼ばれる．

上述の①～④のモデルのうち，モデル①は固定効果モデル，モデル②は説明変数が固定効果，定数項がランダム効果である混合効果モデル，モデル③は説明変数がランダム効果，定数項が固定効果である混合効果モデル，モデル④はランダム効果モデルである．

第1段階として，定数項と回帰係数が変動するモデル（上述のモデル④）を考える．

$$y_{ij}=\beta_{j0}+\beta_{j1}x_{ij1}+\cdots+\beta_{jk}x_{ijk}+\varepsilon_i \tag{5.10}$$

このモデルは，この段階では個人 i を単位とするモデルである．さらに第2段階としてグループ j を単位とするモデル

$$\begin{aligned}\beta_{0j}&=\gamma_{00}+\gamma_{10}u_{0j}+w_{0j}\\ \beta_{1j}&=\gamma_{01}+\gamma_{11}u_{1j}+w_{1j}\\ &\vdots\\ \beta_{kj}&=\gamma_{0k}+\gamma_{1k}u_{kj}+w_{kj}\end{aligned}$$

としても表すことができる．ここで，

$$\gamma_0=(\gamma_{00},\cdots,\gamma_{0k})^\top \tag{5.11}$$

$$\gamma_1=(\gamma_{10},\cdots,\gamma_{1k})^\top \tag{5.12}$$

とすると，$\beta_j=\gamma_0+\gamma_1u_j+w_j$ または $\beta_j\sim\mathcal{N}(\gamma_0+\gamma_1u_j,\sigma_\beta^2)$ である．

このとき，

$$\begin{aligned}y_{ij}&=\beta_{0j}+\beta_{1j}x_{ij1}+\cdots+\beta_{kj}x_{ijk}+\varepsilon_{ij}\\ &=\gamma_{00}+\gamma_{10}u_j+w_{0j}+(\gamma_{01}+\gamma_{11}u_j+w_{1j})x_{ij1}+\cdots\\ &\quad+(\gamma_{0k}+\gamma_{1k}u_j+w_{kj})x_{ijk}+\varepsilon_{ij}\\ &=(\gamma_{00}+\gamma_{10}u_{0j}+\gamma_{01}x_{ij1}+\gamma_{11}u_{1j}x_{ij1}+\cdots+\gamma_{0k}x_{ijk}\\ &\quad+\gamma_{1k}u_{kj}x_{ijk})+(w_{0j}+w_{1j}x_{ij1}+\cdots+w_{kj}x_{ijk}+\varepsilon_{ij})\\ &\Leftrightarrow\begin{cases}y_{ij}=\beta_{0j}+\sum_{q=1}^{k}\beta_{qj}x_{ijq}+\varepsilon_{ij}\\ \beta_{qj}=\gamma_{q0}+\sum_{s=1}^{S_q}\gamma_{qs}u_j+w_{qj}\end{cases}\end{aligned} \tag{5.13}$$

と変形できる．このうち，$(w_{0j}+w_{1j}x_{ij1}+\cdots+w_{kj}x_{ijk}+\varepsilon_{ij})$ はランダム効果であ

り，$(\gamma_{00}+\gamma_{10}u_{0j}+\gamma_{01}x_{ij1}+\gamma_{11}u_{1j}x_{ij1}+\cdots+\gamma_{0k}x_{ijk}+\gamma_{1k}u_{kj}x_{ijk})$ は固定効果であることから，混合効果モデルであるといえる．

混合効果をもつマルチレベルモデルは，個人やグループごとに柔軟にパラメータをできるという利点がある半面，グループ間の差異があまり認められない場合やグループ規模が小さい場合には，グループ単位での違いを強調したモデル推定は，必ずしも容易ではないという欠点も指摘されている（Gelman and Hill, 2007）.

5.1.2 最尤推定法によるマルチレベルモデルの推定

ここでは，混合効果モデル $\boldsymbol{y}=\boldsymbol{XB}+\boldsymbol{Zb}+\varepsilon$ の最尤推定法によるパラメータ推計手順を示す（Brown and Prescott, 2006 などを参照）．いま，ランダム効果に関するパラメータ $\boldsymbol{b}$ と誤差項 ε が，それぞれ標準正規分布に従うとする．

$$\boldsymbol{b}\sim\mathcal{N}(0,\ \sigma_b^2 I) \tag{5.14}$$

$$\varepsilon\sim\mathcal{N}(0,\ \sigma^2 I) \tag{5.15}$$

すると，$\boldsymbol{y}$ の共分散行列 $\boldsymbol{V_y}$ は，次のようになる．

$$\boldsymbol{V_y}=\boldsymbol{Z}(\sigma_b^2 I)\boldsymbol{Z}'+\sigma^2 I \tag{5.16}$$

ただし，$\boldsymbol{y}\sim\mathcal{N}(\boldsymbol{XB}+\boldsymbol{Zb},\ \boldsymbol{V_y})$ である．また，$\boldsymbol{b}\sim\mathcal{N}(0,\ \sigma_b^2 I)$ であることから，ランダム効果 $\boldsymbol{Zb}$ に関する期待値は 0 である．したがって，$\boldsymbol{y}$ の周辺分布は $\boldsymbol{y}\sim\mathcal{N}(\boldsymbol{XB},\ \boldsymbol{V_y})$ となることが容易にわかる．

最尤推定法によるマルチレベルモデルのパラメータは，固定効果 $\boldsymbol{XB}$ とランダム効果 $\boldsymbol{Zb}$ の最尤推定量を求めることにより得られる．

まず，固定効果 $\boldsymbol{XB}$ に対する尤度関数 $\boldsymbol{\ell_B}$ は次のように表せる．

$$\boldsymbol{\ell_B}=\frac{\exp\{-1/2(\boldsymbol{y}-\boldsymbol{XB})^\top \boldsymbol{V_y}^{-1}(\boldsymbol{y}-\boldsymbol{XB})\}}{(2\pi)^{n/2}\sqrt{|\boldsymbol{V_y}|}} \tag{5.17}$$

また，その対数尤度関数 $\log\boldsymbol{\ell_B}$ は，次式で与えられる．

$$\log\boldsymbol{\ell_B}=-\frac{1}{2}\log(2\pi)-\frac{1}{2}[\log|\boldsymbol{V_y}|+(\boldsymbol{y}-\boldsymbol{XB})^\top \boldsymbol{V_y}^{-1}(\boldsymbol{y}-\boldsymbol{XB})] \tag{5.18}$$

対数尤度関数が最大となるとき，

$$\boldsymbol{X}^\top \boldsymbol{V_y}^{-1}(\boldsymbol{y}-\boldsymbol{XB})=0 \tag{5.19}$$

であることから，固定効果 $\boldsymbol{XB}$ の最尤推定量 $\widehat{\boldsymbol{B}}$ は次式のように得られる．

$$\widehat{\boldsymbol{B}}=(\boldsymbol{X}^\top \boldsymbol{V_y}^{-1}\boldsymbol{X})^{-1}\boldsymbol{X}^\top \boldsymbol{V_y}^{-1}\boldsymbol{y} \tag{5.20}$$

このとき，$\hat{\boldsymbol{B}}$の分散は次のようになる．

$$\boldsymbol{V}_{\hat{B}}=(\boldsymbol{X}^\top\boldsymbol{V}_y^{-1}\boldsymbol{X})^{-1}\boldsymbol{X}^\top\boldsymbol{V}_y^{-1}\boldsymbol{V}_y\boldsymbol{V}_y^{-1}\boldsymbol{X}(\boldsymbol{X}^\top\boldsymbol{V}_y^{-1}\boldsymbol{X})^{-1}$$
$$=(\boldsymbol{X}^\top\boldsymbol{V}_y^{-1}\boldsymbol{X})^{-1} \qquad (5.21)$$

次に，ランダム効果$\boldsymbol{Zb}$の尤度関数$\boldsymbol{\ell_b}$は次式のように表すことができる．

$$\boldsymbol{\ell_b}\propto|(\sigma^2 I)|^{-1/2}\exp\left\{-\frac{1}{2}(\boldsymbol{y}-\boldsymbol{XB}-\boldsymbol{Zb})^\top(\sigma^2 I)^{-1}(\boldsymbol{y}-\boldsymbol{XB}-\boldsymbol{Zb})\right\}$$
$$\times|\sigma_b^2 I|^{-1/2}\exp\left\{-\frac{1}{2}\boldsymbol{b}^\top(\sigma_b^2 I)^{-1}\boldsymbol{b}\right\} \qquad (5.22)$$

このとき，対数尤度$\log\boldsymbol{\ell_b}$は，

$$\log\boldsymbol{\ell_b}=-\frac{1}{2}\log(2\pi)$$
$$-\frac{1}{2}[\log|\sigma^2 I|+(\boldsymbol{y}-\boldsymbol{XB}-\boldsymbol{Zb})^\top(\sigma^2 I)^{-1}(\boldsymbol{y}-\boldsymbol{XB}-\boldsymbol{Zb})$$
$$+\log|\sigma_b^2 I|+\boldsymbol{b}^\top(\sigma_b^2 I)^{-1}\boldsymbol{b}] \qquad (5.23)$$

となる．

対数尤度が最大になるとき，$\delta\log\boldsymbol{\ell}_b/\delta\boldsymbol{b}=0$である．

$$\delta\log\boldsymbol{\ell}_b/\delta\boldsymbol{b}=\boldsymbol{Z}^\top(\sigma^2 I)^{-1}(\boldsymbol{y}-\boldsymbol{XB}-\boldsymbol{Zb})-(\sigma_b^2 I)^{-1}\boldsymbol{b}$$
$$=\boldsymbol{Z}^\top(\sigma^2 I)^{-1}(\boldsymbol{y}-\boldsymbol{XB})-\left(\boldsymbol{Z}^\top\boldsymbol{R}^{-1}\boldsymbol{Z}+(\sigma_b^2 I)^{-1}\right)\boldsymbol{b}=0 \qquad (5.24)$$

したがって，ランダム効果$\boldsymbol{Zb}$の最尤推定量$\hat{\boldsymbol{b}}$は，次式のように求められる．

$$\hat{\boldsymbol{b}}=\left(\boldsymbol{Z}^\top(\sigma^2 I)^{-1}\boldsymbol{Z}+(\sigma_b^2 I)^{-1}\right)^{-1}\boldsymbol{Z}^\top(\sigma^2 I)^{-1}(\boldsymbol{y}-\boldsymbol{XB}) \qquad (5.25)$$

実際のデータ分析においては，マルチレベルモデルに多くの固定効果を取り入れることがある．このとき，固定効果に関する自由度の損失を明示的に考慮してパラメータを推定することが必要となる．そのような方法の1つとして，**制限付き最尤推定法**（restricted maximum likelihood method：REML）がよく知られている．

γを$\boldsymbol{V}$におけるすべての分散共分散パラメータ（分散成分）とする．γが既知であるとすると，$\hat{\boldsymbol{B}}$は式(5.20)より求められる．γに関するREMLによる推定量を求めたいとき，$\boldsymbol{y}$が与えられた下でのγと$\boldsymbol{B}$の尤度関数$\boldsymbol{\ell}_{\gamma,\boldsymbol{B}}$は，$\boldsymbol{y}-\boldsymbol{X}\hat{\boldsymbol{B}}$および$\hat{\boldsymbol{B}}$を用いて次のように表すことができる．

$$\boldsymbol{\ell}_{\gamma,\boldsymbol{B}}=\boldsymbol{\ell}_\gamma\boldsymbol{\ell}_{\boldsymbol{B}} \qquad (5.26)$$

ここで，

$$\boldsymbol{\ell}_{\gamma,\boldsymbol{B}} \propto |\boldsymbol{V}_y|^{-1/2} \exp\left\{-\frac{1}{2}(\boldsymbol{y}-\boldsymbol{X}\boldsymbol{B})^\top \boldsymbol{V}_y^{-1}(\boldsymbol{y}-\boldsymbol{X}\boldsymbol{B})\right\} \tag{5.27}$$

$$\boldsymbol{\ell}_{\boldsymbol{B}} \propto |\boldsymbol{X}^\top \boldsymbol{V}_y^{-1}\boldsymbol{X}|^{-1/2} \exp\left\{-\frac{1}{2}(\hat{\boldsymbol{B}}-\boldsymbol{B})^\top \boldsymbol{X}\boldsymbol{V}_y^{-1}\boldsymbol{X}(\hat{\boldsymbol{B}}-\boldsymbol{B})\right\} \tag{5.28}$$

より，

$$\boldsymbol{\ell}_{\gamma} \propto |\boldsymbol{X}^\top \boldsymbol{V}_y^{-1}\boldsymbol{X}|^{-1/2}|\boldsymbol{V}_y|^{-1/2} \exp\left\{-\frac{1}{2}(\boldsymbol{y}-\boldsymbol{X}\boldsymbol{B})^\top \boldsymbol{V}_y^{-1}(\boldsymbol{y}-\boldsymbol{X}\boldsymbol{B})\right\} \tag{5.29}$$

である．

したがって，REML による推定量は次式で与えられる．

$$\log \boldsymbol{\ell}_{\gamma} = -\frac{1}{2}\log(2\pi) - \frac{1}{2}\Big[\log|\boldsymbol{V}_y| - \log|\boldsymbol{X}^\top \boldsymbol{V}_y^{-1}\boldsymbol{X}|^{-1} + (\boldsymbol{y}-\boldsymbol{X}\boldsymbol{B})^\top \boldsymbol{V}_y^{-1}(\boldsymbol{y}-\boldsymbol{X}\boldsymbol{B})\Big] \tag{5.30}$$

5.1.3　マルチレベルモデルのベイズ推定

次に，マルチレベルモデルのベイズ推定手順を示す（de Leeuw and Meijer, 2008, Chapter 2 などを参照）．

再び，5.1.1 項で示した定数項と回帰係数が変動するモデルを取り上げる．

$$y_{ij} = \beta_{0j} + \beta_{1j}x_{ij1} + \cdots + \beta_{kj}x_{ijk} + \varepsilon_i \tag{5.31}$$

$$\beta_{0j} = b_{i1}z_{1ij} + \cdots + b_{iq}z_{ijq} + \eta_j \tag{5.32}$$

$$\varepsilon_i \sim \text{i.i.d.}\mathcal{N}(0, \sigma_y^2)$$

$$\eta_j \sim \text{i.i.d.}\mathcal{N}(0, V_\beta)$$

すでに示したように，このモデルは次式のように表すことができる．

$$\boldsymbol{y}_i = \boldsymbol{X}_i\boldsymbol{B} + \boldsymbol{Z}_i\boldsymbol{b}_i + \varepsilon_i \tag{5.33}$$

ここで，

$$\boldsymbol{X}_i = \begin{pmatrix} x_{i11} & \cdots & x_{i1k} \\ \vdots & \ddots & \vdots \\ x_{im1} & \cdots & x_{imk} \end{pmatrix} \tag{5.34}$$

$$\boldsymbol{y}_i = (y_{i1}, \quad \cdots, \quad y_{im})^\top \tag{5.35}$$

$$\boldsymbol{B} = \begin{pmatrix} \beta_{11} & \cdots & \beta_{1k} \\ \vdots & \ddots & \vdots \\ \beta_{m1} & \cdots & \beta_{mk} \end{pmatrix} \tag{5.36}$$

$$\boldsymbol{Z}_i=\begin{pmatrix} z_{i11} & \cdots & z_{i1q} \\ \vdots & \ddots & \vdots \\ z_{im1} & \cdots & z_{imq} \end{pmatrix} \tag{5.37}$$

$$\boldsymbol{b}_i=(b_{i1} \quad \cdots \quad b_{iq})^\top \tag{5.38}$$

である.

経験ベイズによりマルチレベルモデルを推定する場合, $\boldsymbol{y}_i$ および $\boldsymbol{b}_i$ の無情報事前分布に基づいて, 事後分布を生成する.

$$\boldsymbol{y}_i \sim \mathcal{N}(\boldsymbol{X}_i\boldsymbol{B}+\boldsymbol{Z}_i\boldsymbol{b}_i, \sigma_y^2) \tag{5.39}$$

$$\boldsymbol{b}_i \sim \mathcal{N}(0, \sigma_{b_i}^2) \tag{5.40}$$

$$\boldsymbol{B} \sim \mathcal{N}(0, V_B) \tag{5.41}$$

マルチレベルモデルのギブズ・サンプラー（経験ベイズ）

1. 繰り返し回数を $s=0,\cdots,ndraw$ とする
2. $s=0$ とし, 初期値である事前分布 $\boldsymbol{b}_i^{s=0} \sim \mathcal{N}(0, \sigma_{b_i}^2)$ および $\boldsymbol{y}_i^{s=0} \sim \mathcal{N}(\boldsymbol{X}_i\boldsymbol{B}+\boldsymbol{Z}_i\boldsymbol{b}_i, \sigma_y^2)$ を決定
3. $\boldsymbol{y}_i^s$ から $\boldsymbol{y}_i^{s+1}$ を生成
   3.1 $\boldsymbol{b}_i^{s+1}|\boldsymbol{y}_i^s$ を生成
   3.2 $\boldsymbol{y}_i^{s+1}|\boldsymbol{b}_i^{s+1}$ を生成
4. $s+1<ndraw$ のとき 3.に戻る. $s=ndraw$ のとき計算終了

さらに, $\beta_{0j},\cdots,\beta_{kj}$ は V_B と $\boldsymbol{B}$ を事前情報とする階層ベイズにより推定できる. 階層ベイズによりマルチレベルモデルを推定する場合, σ_y^2, V_B の事前情報を与える必要がある. σ_y^2 の事前情報は, スケールパラメータ s_{0i}^2（例えば, $var(y_i)$）を用いて, χ^2 分布の逆分布として与えることができる.

$$\sigma_y^2 \sim \eta_j s_{0i}^2/\chi_{\eta_j}^2 \tag{5.42}$$

また, V_B の事前分布は逆ウィシャート分布, c の条件付き事前分布は正規分布により, それぞれ次のように与えられる.

$$V_B \sim \mathcal{IW}(v,V) \tag{5.43}$$

$$\sigma_{b_i}^2|V_B \sim \mathcal{N}(\overline{\sigma_{b_i}^2}, V_B \otimes A^{-1}) \tag{5.44}$$

ここで, v と V は V_B の自由度パラメータと共分散パラメータ, A は $\sigma_{b_i}^2|V_B$ の精度行列である.

したがって，マルチレベルモデルをベイズ推定する際には，次のような条件付き分布を次々に生成させればよい．

$$\boldsymbol{y}_i|\boldsymbol{X}_i, \boldsymbol{B}, \sigma_y^2 \tag{5.45}$$

$$\boldsymbol{B}|\boldsymbol{Z}_i, \sigma_{b_i}^2, V_B \tag{5.46}$$

$$V_B|v, V \tag{5.47}$$

$$\sigma_y^2|s_{0i}^2, v_i \tag{5.48}$$

$$\sigma_{b_i}^2|\eta_j, \overline{\sigma_{b_i}^2}, A \tag{5.49}$$

この階層構造は，次のように表現できる（図 5.1）．

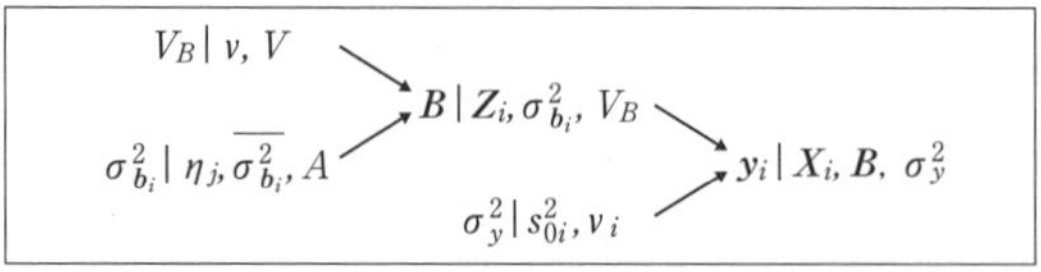

図 5.1　マルチレベルモデルの階層ベイズ推定

マルチレベルモデルのギブズ・サンプラーは次の手順により生成する．

マルチレベルモデルのギブズ・サンプラー（一部階層ベイズ）

1. 繰り返し回数を $s=0,\cdots,ndraw$ とする
2. $s=0$ とし，初期値である事前情報 $\sigma_{y,s=0}^2$，$\sigma_{b_i,s=0}^2$ および $V_B^{s=0}$ を決定
3. $\boldsymbol{y}_i^s$ から $\boldsymbol{y}_i^{s+1}$ を生成
   3.1　$\boldsymbol{B}^{s+1}|\boldsymbol{Z}_i, \sigma_{y,s}^2, \sigma_{b_i,s}^2, V_B^s$ を生成
   3.2　$\sigma_{y,s+1}^2|\boldsymbol{B}^{s+1}, v_i, s_{0i}^2$ を生成
   3.3　$V_B^{s+1}|v, V, \boldsymbol{B}^{s+1}$ を生成
   3.4　$\sigma_{b_i,s}^2|\eta_j, \overline{\sigma_{b_i}^2}, A$ を生成
4. $s+1<ndraw$ のとき 3.に戻る．$s=ndraw$ のとき計算終了

5.2　マルチレベルモデルの推定

本節では，線形回帰モデルとロジットモデルに関する階層モデルを取り上げる．各モデルの基本形を示したのち，最尤推定法による推定方法（Bates, 2007）も示しながら，階層ベイズによる推定方法を紹介する．

5.2.1　線形回帰モデル

演習用データとして，外国人顧客の商品購入金額調査を想定して作成したデータを用いる（表 5.1）．商品購入時に参考にした情報源を被説明変数，個人属性などを説明変数とするマルチレベルモデルを構築する．

ここでは，参考情報 2 を被説明変数，性別と年齢を説明変数とするモデルを推定する．まず，データを読み込み，通常の（固定効果）線形回帰モデルを推定する．

```
# データの読み込み
fp <- read.table("foreignpurchase.csv", sep=",", header=T)
fp.lm <- lm(expend2~gend+age+occupation+no.visit, data=fp)
summary(fp.lm)
```

この結果は，以下のように表示される．各説明変数に対する t 値は 5% 水準で有意ではなく，R^2 値も非常に小さいため，このモデルに説明力があるとはいえない．

表 5.1　"foreignpurchase.csv" のデータ概要

記号	意味	説明
id	ID 番号	調査対象者の ID 番号
gend	性別	男性＝1，女性＝0
age	年齢	1. 10 代，2. 20 代，3. 30 代，4. 40 代，5. 50 代，6. 60 代以上
nation	出身地	出身地域・国名
area	地域	Asia, Oceania, USA, Europe, Africa
occupation	職業	1. 会社員・公務員，2. 自営業，3. 主婦，4. 学生，5. 無職，6. その他
no. visit	訪日回数	1. 今回初めて，2. 2 回目，3. 3 回目，4. 4〜5 回目，5. 6〜10 回目，6. 10 回以上
expend1	購入金額 1	1. 1000 円以下，2. 2000 円以下，3. 4000 円以下，4. 6000 円以下，5. 8000 円以下，6. 10000 円以下，7. 10001 円以上
expend2	購入金額 2	購入金額（円）
magazine	参考情報 1	1. 雑誌を参考して購入，0. それ以外
internet	参考情報 2	1. インターネットを参考して購入，2. それ以外

```
Call:
lm(formula=expend2~gend+age+occupation+no.visit, data=fp)

Residuals:
    Min          1Q      Median          3Q         Max
-4820.4     -2876.1      -701.7       985.4     24628.2

Coefficients:
               Estimate   Std. Error   t value   Pr(>|t|)
(Intercept)     6608.01      1014.22     6.515   4.37e-10***
gend            -815.36       572.57    -1.424      0.156
age             -218.55       239.58    -0.912      0.363
occupation       -40.57       132.81    -0.305      0.760
no.visit        -269.98       264.98    -1.019      0.309
---
Signif. codes:  0'***' 0.001'**' 0.01'*' 0.05'.'0.1'' 1

Residual standard error: 4186 on 235 degrees of freedom
Multiple R-Squared: 0.01505, Adjusted R-squared: -0.001712
F-statistic: 0.8979 on 4 and 235 DF,   p-value: 0.4659
```

最尤推定法によりマルチレベルモデルを推定するには，**lmer4** パッケージを使う．ここでは，インターネットを参考にして商品を購入したかどうか（internet）を，年齢（age）と定数項で説明するモデルを考え，そのうち定数項を出身地（nation）別に推定する．

```
library(lme4)
fp.lmer1 <- lmer(internet~age+(1|nation), data=fp)
summary(fp.lmer1)
```

この結果，固定効果とランダム効果は以下のように表示される．

```
Linear mixed-effects model fit by REML
```

```
Formula: internet~age+(1|nation)
  Data: fp
  AIC      BIC     logLik    MLdeviance    REMLdeviance
328.7    339.2    -161.4          312.7           322.7
Random effects:
Groups       Name            Variance      Std. Dev.
nation       (Intercept)     0.0070741      0.084108
Residual                     0.2118294      0.460249
number of obs: 240, groups: nation, 41
Fixed effects:
                   Estimate    Std. Error       t value
(Intercept)         0.44742       0.09047         4.946
age                -0.04675       0.02764        -1.691
Correlation of Fixed Effects:
(Intr)
age -0.908
```

fixef コマンドを使うと，固定効果のみを表示することができる．

```
fixef(fp. lmer1)
(Intercept)                  age
0.44742274           -0.04674934
```

また，**ranef** コマンドを使うと，ランダム効果をすべて表示できる．

```
> ranef(fp. lmer1)
An object of class"ranef. lmer"
[[1]]
                 (Intercept)
Argentin        -0.009926644
Australia       -0.016951195
Austria         -0.008415895
Belgium         -0.011437394
Brazil           0.041913398
```

```
Canada                    -0.009669945
China                      0.111928984
          :
     (後略)
```

上記のモデルについて，定数項を用いず，出身地別に年齢のパラメータを求めてみる．

```
fp.lmer2 <- lmer(internet~(0+age|nation), data=fp)
summary(fp.lmer2)
```

この結果は，以下のように表示される．

```
Linear mixed-effects model fit by REML
Formula: internet~(0+age|nation)
  Data:fp
  AIC          BIC          logLik      MLdeviance    REMLdeviance
326.2        333.1          -161.1           317.1           322.2
Random effects:
Groups        Name          Variance      Std.Dev.
nation        age           4.9641e-05    0.0070457
Residual                    2.1984e-01    0.4688663
number of obs: 240, groups: nation, 41

Fixed effects:
              Estimate      Std.Error      t value
(Intercept)    0.32596       0.03116        10.46
```

このうち，ランダム効果を出身地別に示すと以下のようになる．

```
ranef(fp.lmer2)
An object of class "ranef.lmer"
[[1]]
```

```
                 age
Argentin   -2.203697e-04
Australia  -5.510649e-04
Austria    -2.933635e-04
Belgium    -1.470788e-04
Brazil      7.587959e-04
Canada     -8.046326e-04
China       3.301865e-03
        :
    (後略)
```

このように，出身地によって，年齢に対するパラメータが正になったり負になったりすることがわかる．2つのモデル間の**分散分析**（analysis of variance：ANOVA）を行うと，次のような結果となる．

```
anova(fp.lmer1, fp.lmer2)

Data: fp
Models:
fp.lmer2: internet~(0+age|nation)
fp.lmer1: internet~age+(1|nation)
         Df    AIC    BIC   logLik  Chisq  Chi Df Pr(>Chisq)
fp.lmer2  2 321.07 328.03  -158.53
fp.lmer1  3 318.68 329.13  -156.34 4.3821      1    0.03632*
---
Signif. codes:  0'***'0.001'**'0.01'*'0.05'.'0.1''1
```

性別と年齢を説明変数とし，このうち年齢について出身地別にパラメータを求めてみよう．

```
fp.lmer3 <- lmer(internet~gend+(age|nation), data=fp)
summary(fp.lmer3)
```

すると，以下のような結果が得られる．

```
Linear mixed-effects model fit by REML
Formula: internet~gend+(age|nation)
      Data: fp
      AIC         BIC       logLik     MLdeviance   REMLdeviance
    328.3       345.7       -159.2          309.8          318.3
Random effects:
Groups           Name          Variance      Std. Dev.       Corr
nation           (Intercept)   0.0987338     0.314219
                 age           0.0051945     0.072073     -1.000
Residual                       0.2044740     0.452188
number of obs: 240, groups: nation, 41

Fixed effects:
                 Estimate     Std. Error        t value
(Intercept)       0.25497       0.04055          6.287
gend              0.08829       0.06300          1.402

Correlation of Fixed Effects:
          (Intr)
gend      -0.509
```

このモデルの推定結果のうちランダム効果のみを示すと，以下のようになる．

```
ranef(fp.lmer3)

An object of class "ranef.lmer"
[[1]]
                (Intercept)              age
Argentin      -0.0366761388     0.0084124177
Australia     -0.1128248229     0.0258786692
Austria       -0.0101261425     0.0023226345
```

```
Belgium        -0.0583797628    0.0133905867
Brazil          0.2582562351   -0.0592363205
Canada         -0.0004974023    0.0001140829
China           0.4039294513   -0.0926494371
          :
    (後略)
```

このように，出身地によって定数項と年齢のパラメータが異なることがあることがわかる．

さて，上述のようなマルチレベルモデルは，**lmer4** パッケージの **mcmcsamp()** 関数を用いてベイズ推定することができる．まず，最初のモデル（fp.lmer1）をベイズ推定してみよう．ここで，繰り返し計算回数を 10000 回，稼働検査期間を 1000 回とする．

```
fp.mcmc1 <- mcmcsamp(fp.lmer1, n=10000)
summary(fp.mcmc1, burnin=1000)
```

すると，以下のような結果が得られる（図 5.2，5.3）．

```
Iterations=1:10000
Thinning interval=1
Number of chains=1
Sample size per chain=10000

1. Empirical mean and standard deviation for each variable,
   plus standard error of the mean:

                      Mean        SD    Naive SE    Time-series SE
(Intercept)        0.47153   0.09116   0.0009116          0.002876
age               -0.05075   0.02738   0.0002738          0.000485
log(sigma^2)      -1.53083   0.09404   0.0009404          0.002254
log(natn. (In))  -11.31418   5.71164   0.0571164          0.745998
```

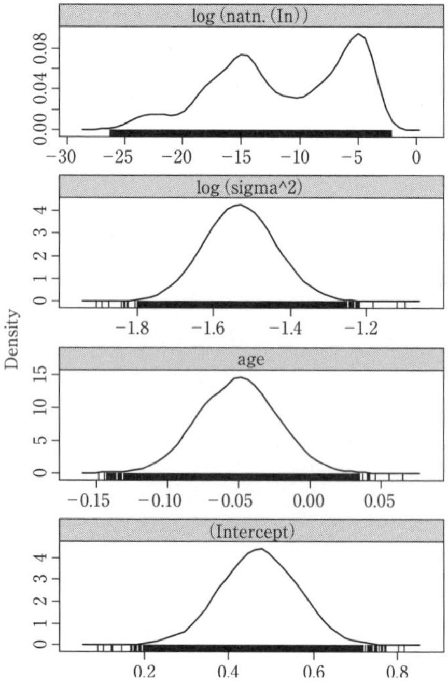

図 5.2 パラメータの事後分布

2. Quantiles for each variable:

	2.5%	25%	50%	75%	97.5%
(Intercept)	0.2876	0.41081	0.47186	0.53331	0.647926
age	-0.1045	-0.06942	-0.05058	-0.03235	0.002925
log(sigma^2)	-1.7127	-1.59390	-1.53199	-1.46894	-1.342052
log(natn. (In))	-23.0748	-15.69356	-11.27698	-5.84126	-3.513263

パラメータの事後分布および計算期間のパラメータの挙動をプロットしよう.

```
densityplot(fp.mcmc1, burnin=1000)
xyplot(fp.mcmc1)
```

同様に，他の 2 つのモデル（fp.mcmc2 と fp.mcmc3）もベイズ推定してみよう.

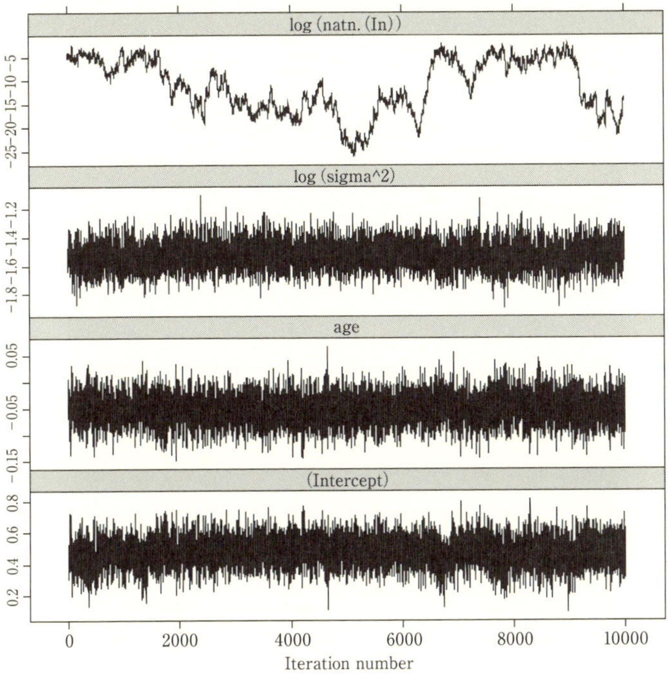

図 5.3 MCMC 期間内のパラメータの挙動

```
fp.mcmc2 <- mcmcsamp(fp.lmer2, n=50000)
summary(fp.mcmc2)
fp.mcmc3 <- mcmcsamp(fp.lmer3, n=50000)
summary(fp.mcmc3)
```

bayesm パッケージを用いても，マルチレベルモデルを推定できる．以下の例では，年齢と性別を説明変数に用い，地域をグループとするランダム効果モデルを推定している．

```
library(bayesm)
# mcmc の設定
R=10000
```

```
keep=1
# 事前分布を設定
reg=levels(factor(fp$area))
nreg=length(reg)
nobs=nrow(fp)
nvar=3   # 2説明変数+定数項
# 変数を設定
regdata=NULL
for (j in 1:nreg){
        y=fp$internet[fp$area==reg[j]]
        iota=c(rep(1,length(y)))
        X=cbind(iota, fp$age[fp$area==reg[j]], fp$gend[fp$area==reg[j]])
        regdata[[j]]=list(y=y, X=X)}

Z=matrix(c(rep(1,nreg)),ncol=1)
Data1=list(regdata=regdata, Z=Z)
Mcmc1=list(R=R, keep=1)
set.seed(66)
out1=rhierLinearModel(Data=Data1, Mcmc=Mcmc1)

summary(out1$Deltadraw)
summary(out1$Vbetadraw)
summary(t(out1$betadraw[1,,]))
```

稼働検査期間を除くパラメータ推定結果は，以下のように求められる．

```
summary(t(out1$betadraw[1,,]), burnin=1000)

              V1                     V2                      V3
Min.      :-4.4805   Min.      :-1.47757   Min.      :-6.42867
1st Qu.   :-0.3843   1st Qu.   :-0.13916   1st Qu.   :-0.59785
Median    : 0.1665   Median    : 0.07718   Median    : 0.08072
Mean      : 0.1536   Mean      : 0.07876   Mean      : 0.07581
```

```
3rd Qu.   : 0.7195    3rd Qu.   : 0.29623  3rd Qu.      : 0.74256
Max.      : 4.0727    Max.      : 1.55277  Max.         : 8.44728
```

5.2.2 二項ロジットモデル

二項ロジットモデルに関するマルチレベルモデルをベイズ推定するには，**bayesm** パッケージの **rhierBinLogit** 関数を用いる．ここでは，適当に作成した選択肢属性と個人属性に関するデータを読み込み，モデルを推定する．

データのイメージとしては，n（=30）人に j（=20）問の購買意向調査を実施し，商品の属性情報（ver1〜ver5）をもとに，購買意向（買いたいと思う=1，買いたいと思わない=0）を尋ねた選択肢属性データ（“blogitChoiceAttr. csv”）と，調査対象者の個人属性データ（“blogitIndAttr. csv”）があると考えればよい．

```
library(bayesm)
# 選択肢属性
ChoiAttr <- read.table("blogitChoiceAttr.csv", sep=",", header=T)
# 個人(グループ属性)
IndAttr <- read.table("blogitIndAttr.csv", sep=",", header=T)
# MCMC 設定
R=10000
keep=1
# 個人(グループ数)
reg=levels(factor(ChoiAttr$id))
nreg=length(reg)
# 個人(グループ)ごとの標本数
nobs=(nrow(ChoiAttr)/nreg)
# nvar=6                # 定数項を含む説明変数の数
nz=ncol(IndAttr)        # 個人属性数
lgtdata=NULL
for (j in 1:nreg) {
        y=ChoiAttr$choice[ChoiAttr$id==reg[j]]
        iota=c(rep(1, length(y)))
        X=as.matrix(ChoiAttr[ChoiAttr[, 1]==reg[j], c(4:8)])
```

```
        X=cbind(iota, X)
        lgtdata[[j]]=list(y=y, X=X)}
Z=NULL
Z=as.matrix(cbind(c(rep(1, nreg)), IndAttr))
Data2=list(lgtdata=lgtdata, Z=Z)
Mcmc2=list(R=R, keep=1, sbeta=0.2)
set.seed(66)
out2=rhierBinLogit(Data=Data2, Mcmc=Mcmc2)
summary(out2$Deltadraw, tvalues=as.vector(Delta))
summary(out2$Vbetadraw, tvalues=as.vector(Vbeta[upper.tri(Vbeta, diag
=TRUE)]))
# 稼働検査期間を除いたパラメータ計算結果
summary(t(out2$betadraw[1,,]), burnin=1000)
```

また，各パラメータの事後分布をプロットするには，以下のようにすればよい（図 5.4〜5.6）．

```
plot(out2$Deltadraw)
plot(out2$betadraw)
plot(out2$Vbetadraw)
```

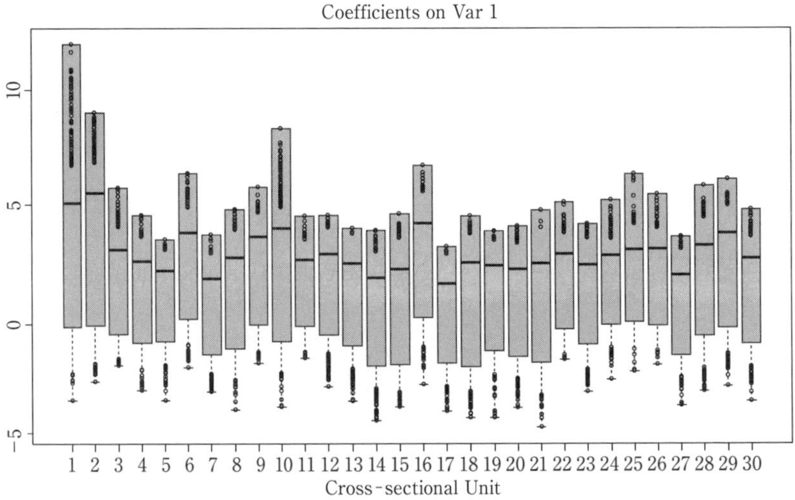

図 5.4 二項ロジットモデルの個人別パラメータ推定結果の例

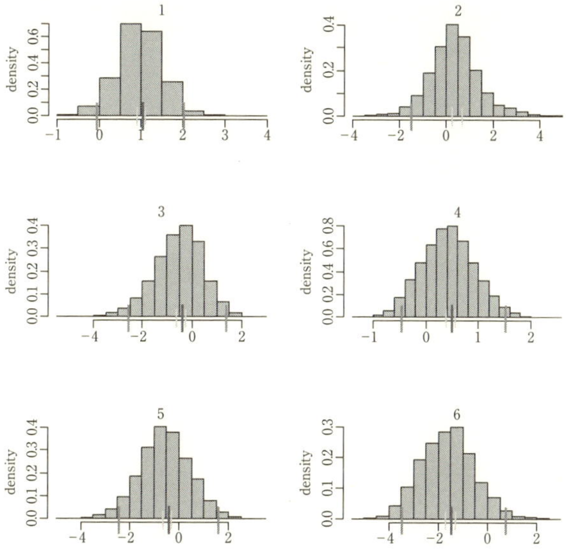

図 5.5 二項ロジットモデルのパラメータ事後分布推定結果表示例

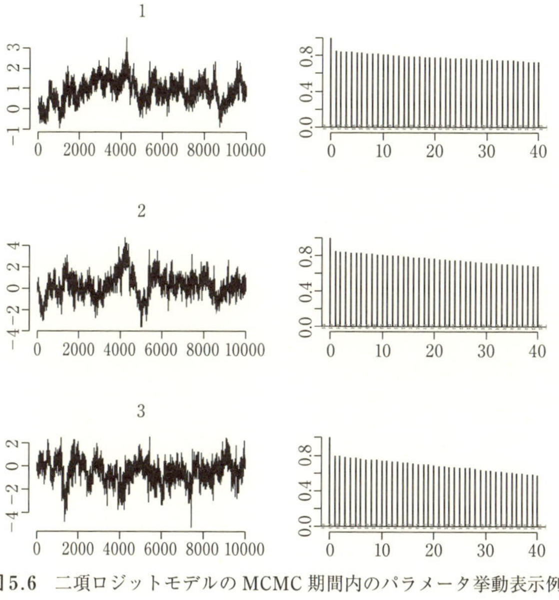

図 5.6 二項ロジットモデルの MCMC 期間内のパラメータ挙動表示例

5.2.3 多項ロジットモデル

多項ロジットモデルに関するマルチレベルモデルをベイズ推定するには，**rhierMnlRwMixture()** 関数を用いる．ここではA, B, Cの3商品から1つの商品を購入すると仮定した仮想的な購買意向データを用いる．

n（=30）人にj（=20）問の購買意向調査を実施し，商品の属性情報=選択肢共通変数（costA, costB, costC）をもとに，購買意向（商品Aを購入=1，商品Bを購入=2，商品Cを購入=3）を尋ねた選択肢属性データ（“mnlChoice-Attr. csv”）と，調査対象者の個人属性データ（“mnlIndAttr. csv”）があると考えればよい．

第4章で紹介した多項プロビットモデルのベイズ推定と同様に，**createX()** 関数を用いて，選択肢共通変数と個人属性などを設定する．すると，以下のような結果が得られる（図5.7，5.8）．

```
library(bayesm)
# 選択肢属性
mnlChoiAttr <- read.table("mnlChoiceAttr.csv", sep=",", header=T)
# 個人(グループ属性)
mnlIndAttr <- read.table("mnlIndAttr.csv", sep=",", header=T)
# MCMC 設定
R=10000
keep=5
# 個人数
reg=levels(factor(mnlChoiAttr$id))
nreg=length(reg)
# 個人ごとの質問数
nobs=(nrow(mnlChoiAttr)/nreg)
p=3      # 選択肢数
na=1     # 選択肢共通変数の数
nz=ncol(mnlIndAttr)      # 個人属性数

lgtdata=NULL
for (j in 1:nreg){
```

```
        y=mnlChoiAttr$choice[mnlChoiAttr$id==reg[j]]
        Xa=as.matrix(mnlChoiAttr[mnlChoiAttr[,1]==reg[j],c(4:6)])
        X=createX(p,na=na,nd=NULL,Xa=Xa,Xd=NULL,base=1)
        lgtdata[[j]]=list(y=y,X=X)
}
Z=NULL
Z=as.matrix(mnlIndAttr)
Data3=list(p=p,lgtdata=lgtdata,Z=Z)
Prior3=list(ncomp=3)
Mcmc3=list(R=R,keep=1)

set.seed(66)
out3=rhierMnlRwMixture(Data=Data3,Mcmc=Mcmc3,Prior=Prior3)

summary(out3$Deltadraw)
summary(t(out3$betadraw[1,,]),burnin=1000)
plot(out3$Deltadraw)
plot(out3$betadraw)
```

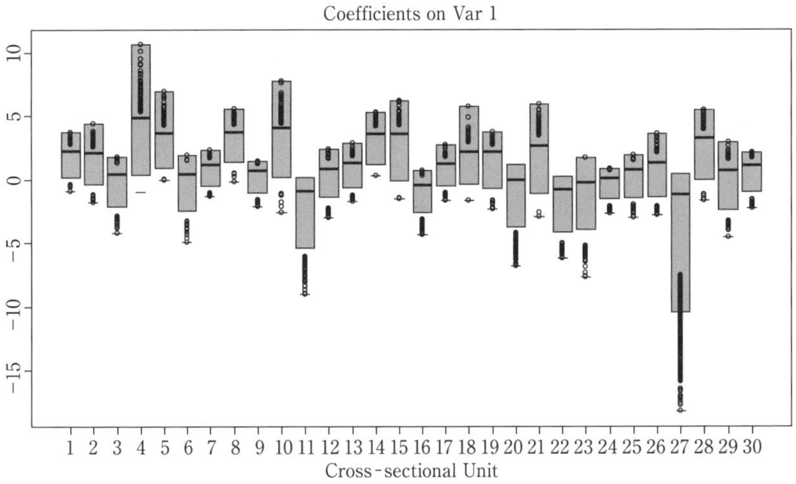

図 5.7 多項ロジットモデルの個人別パラメータ推定結果の例

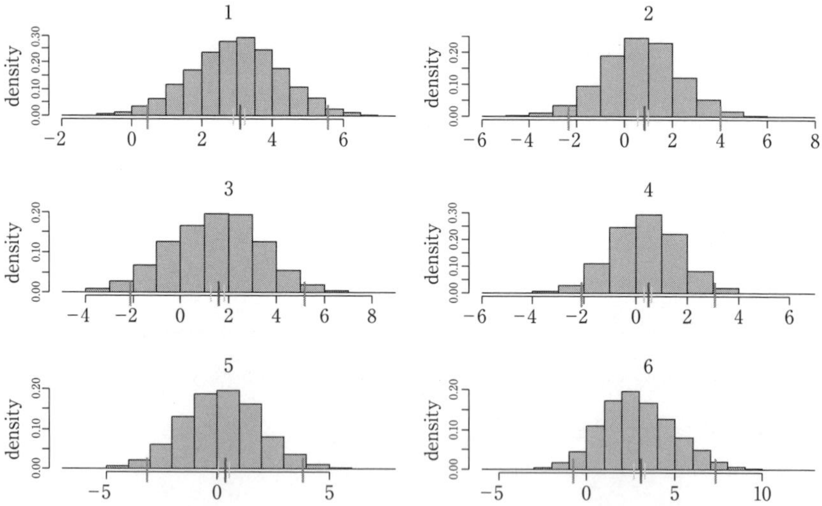

図5.8 多項ロジットモデルのパラメータ事後分布推定結果表示例

6. パネルデータモデルと時系列モデル

パネルデータモデルと時系列モデルは経済・金融・生命科学などさまざまな分野で用いられており，本章ではそのベイズアプローチの適用について紹介する．具体的には，**パネルデータ**の線形回帰モデルと，**自己回帰**（autoregressive：AR）モデル，**自己回帰移動平均**（autoregressive moving average：ARMA）モデル，**ベクトル自己回帰**（vector autoregressive：VAR）モデル，ARCH・GARCH モデル，および**隠れマルコフモデル**（hidden Markov model：HMM）の一種としての**確率的ボラティリティ変動**（stochastic volatility：SV）**モデル**についてのベイズ推定を取り上げることにする．

6.1 パネルデータの線形回帰モデル

計量経済学では，国内総生産（gross domestic products：GDP）や個人賃金などの分析にパネルデータが利用されることがある．ある個別主体 $i(=1, \cdots, n)$ について，期間 $t(=1, \cdots, T)$ のパネルデータに関する線形モデルが，次式のように記述できるとする．ここで，個別主体とは地域や個人であると考えればよい．

$$y_{it}=x_{it}\beta+v_{it} \tag{6.1}$$

ただし，y_{it} は被説明変数，$x_{it}=(x_{it1}, \cdots, x_{itk})$ は $1\times k$ 説明変数ベクトル，$\beta=(\beta_1, \cdots, \beta_k)^\top$ はパラメータベクトルである．

ここで，誤差項 v_{it} が，個別主体のみの影響による**個別効果**（individual effect）α_i と，時系列の影響を含む攪乱項 ε_{it} とから構成されるとするなら，上式は以下のように書き直すことができる（Horrace and Schmidt, 2000）．

$$\begin{aligned} &y_{it}=x_{it}\beta+\alpha_i+\varepsilon_{it} \\ &\varepsilon_{it}\sim\mathcal{N}(0, \sigma^2) \end{aligned} \tag{6.2}$$

個別効果 α_i は，特定の個別主体 i について定数項の役割をもつことから，説

明変数 x_{it} は定数項の列をもたない.

式(6.2) のモデルを，個別主体 i の全期間のデータに拡張すると，（t 行目の要素が x_{it} となる）$T\times k$ 説明変数行列 X_i と超パラメータ j_T を用いて，次のように表せる.

$$y_i = X_i\beta + \alpha_i j_T + \varepsilon_i \tag{6.3}$$

このとき，すべての個別主体について，このモデルは以下のように書くことができる.

$$y = \begin{pmatrix} y_1 \\ y_2 \\ \vdots \\ y_n \end{pmatrix} = \begin{pmatrix} X_1 & j_T & 0 & \cdots & 0 \\ X_2 & 0 & j_T & \cdots & 0 \\ \vdots & \vdots & \vdots & \cdots & \vdots \\ \vdots & \vdots & \vdots & \cdots & \vdots \\ X_n & 0 & 0 & \cdots & j_T \end{pmatrix} \begin{pmatrix} \beta \\ \alpha_1 \\ \alpha_2 \\ \vdots \\ \alpha_n \end{pmatrix} + \begin{pmatrix} \varepsilon_1 \\ \varepsilon_2 \\ \vdots \\ \vdots \\ \varepsilon_n \end{pmatrix} \tag{6.4}$$

$\varepsilon_i \sim \mathcal{N}(0, \sigma^2 I)$

式(6.4) を簡略化して，次式のように表す.

$$y = Z\delta + \varepsilon,\ \varepsilon \sim \mathcal{N}\left(0, \frac{1}{\tau}I\right) \tag{6.5}$$

ここで，$\tau = 1/\sigma^2$ は精度である.

すると，尤度関数は次のようになる.

$$\ell(Z\,|\,\delta, \tau, y) \propto \tau^{NT/2}\exp\left\{-\frac{\tau e^\top e}{2}\right\} \tag{6.6}$$

ここで，e は最小二乗誤差 $e = y - Z\delta$ を意味する.

個別効果 $\{\alpha_i\}$ について一様事前分布に従うと仮定すると，事前分布は，

$$p(\delta, \tau) \propto \frac{1}{\tau} \tag{6.7}$$

となる．このモデルは，第5章で紹介した固定効果モデルである．しかし，このような場合は特殊であり，個別効果は互いに類似する値をとると仮定する方が，うまくいく場合が多い.

このとき，階層ベイズによるランダム効果モデルを適用できる．個別効果が平均 $\bar{\alpha}$，分散 η_i の正規分布に従うと仮定すれば，ランダム効果は次のように表される.

$$\begin{aligned} y_i &= X_i\beta + \alpha_i j_T + \varepsilon_i \\ \alpha_i &= \bar{\alpha} + \eta_i \end{aligned} \tag{6.8}$$

ただし，ε_i と η_i は互いに独立な正規分布に従い，その精度は，それぞれ τ および ϕ である．

このモデルを簡略化すると，

$$y_i = X_i\beta + (\bar{\alpha}+\eta_i)j_T + \varepsilon_i = X_i\beta + \bar{\alpha}j_T + (\varepsilon_i + \eta_i j_T) \tag{6.9}$$

となることから，すべての個別主体については，以下のように表される．

$$y = \begin{pmatrix} y_1 \\ y_2 \\ \vdots \\ y_n \end{pmatrix} = \begin{pmatrix} X_1 & j_T & 0 & \cdots & 0 \\ X_2 & 0 & j_T & \cdots & 0 \\ \vdots & \vdots & \vdots & \cdots & \vdots \\ \vdots & \vdots & \vdots & \cdots & \vdots \\ X_n & 0 & 0 & \cdots & j_T \end{pmatrix} \begin{pmatrix} \beta \\ \alpha_1 \\ \alpha_2 \\ \vdots \\ \alpha_n \end{pmatrix} + \begin{pmatrix} \varepsilon_1 + j_T \\ \varepsilon_2 + j_T \\ \vdots \\ \vdots \\ \varepsilon_n + j_T \end{pmatrix} \tag{6.10}$$

したがって，事前情報は以下のような階層事前情報により表すことができる（Morawetz, 2006）．

$$\boldsymbol{\ell}(\beta, \{\alpha_i\}, \tau) \propto \tau^{NT/2} \exp\left\{-\frac{\tau}{2}\sum_{i=1}^{n}(y_i - X_i\beta - \alpha_i j_T)^{\top}(y_i - X_i\beta - \alpha_i j_T)\right\} \tag{6.11}$$

α および β が正規分布，τ および ϕ がガンマ分布に従うとすれば，このパネルデータによる回帰モデルをベイズ推定するための WinBUGS コード（“panel.txt”）は，次のように書くことができる（Lancaster, 2006 のコードを加筆修正）．

```
model{
for(i in 1:n) {for(tt in 1:time) {
y[tt, i] ~ dnorm(mu[tt, i], tau)
mu[tt, i]<- beta*X[tt, i]+alpha[i]
alpha[i] ~ dnorm(alphabar, phi)}}
for(i in 1:n) {alpha[i] ~ dnorm(alphabar, phi)}
alphabar ~ dnorm(0, 0.0001)
beta ~ dnorm(0, 0.0001)
tau ~ dgamma(0.01, 0.01)
phi ~ dgamma(0.01, 0.01)}
```

パネルデータ分析用に作成された標本データ（“panelX.csv”と“panelY.csv”）を用いて分析してみよう．R コードは以下のようになる．

```
X=as.matrix(read.table("panelX.csv", sep=",", header=T))
y=as.matrix(read.table("panelY.csv", sep=",", header=T))
time=nrow(X)
n=ncol(X)
data <- list("n","time","y","X")
inits <- function(){
list(
alpha=rnorm(n, 0, 0.0001),
alphabar=rnorm(1, 0, 0.0001),
phi=rgamma(1, 0.1, 0.1),
beta=rnorm(1, 0, 0.1),
tau=rgamma(1, 0.1, 0.1))}
parameters <- c("alpha","alphabar","beta","tau","phi")
panel.post <- bugs(data, inits, parameters,
model.file="panel.txt", debug=FALSE,
n.iter=10000, n.burnin=1000, n.chains=5,
bugs.directory="C:/Program Files/WinBUGS14",
working.directory=NULL)
panel.post
plot(panel.post)
```

すると，以下のような結果が得られる（図 6.1）．

```
Inference for Bugs model at "panel.txt", fit using winbugs,
5 chains, each with 10000 iterations(first 1000 discarded), n.thin=45
n.sims=1000 iterations saved
           mean  sd  2.5%   25%   50%   75% 97.5% Rhat n.eff
alpha[1]    0.1 0.2  -0.3   0.0   0.1   0.2   0.4    1  1000
alpha[2]    0.2 0.2  -0.1   0.1   0.2   0.3   0.5    1   950
alpha[3]   -0.3 0.2  -0.6  -0.4  -0.3  -0.1   0.1    1   730
alphabar    0.0 0.4  -0.7  -0.2   0.0   0.1   0.8    1  1000
beta       -0.6 0.1  -0.7  -0.6  -0.6  -0.5  -0.4    1  1000
```

tau	0.7	0.1	0.5	0.6	0.7	0.7	0.8	1	1000
phi	21.7	36.6	0.3	3.6	9.1	25.5	109.4	1	1000
deviance	487.7	3.4	483.1	485.2	487.2	489.6	495.8	1	1000

For each parameter, n. eff is a crude measure of effective sample size,
and Rhat is the potential scale reduction factor(at convergence, Rhat=1).

pD=4.8 and DIC=492.6(using the rule, pD=Dbar-Dhat)
DIC is an estimate of expected predictive error(lower deviance is better).

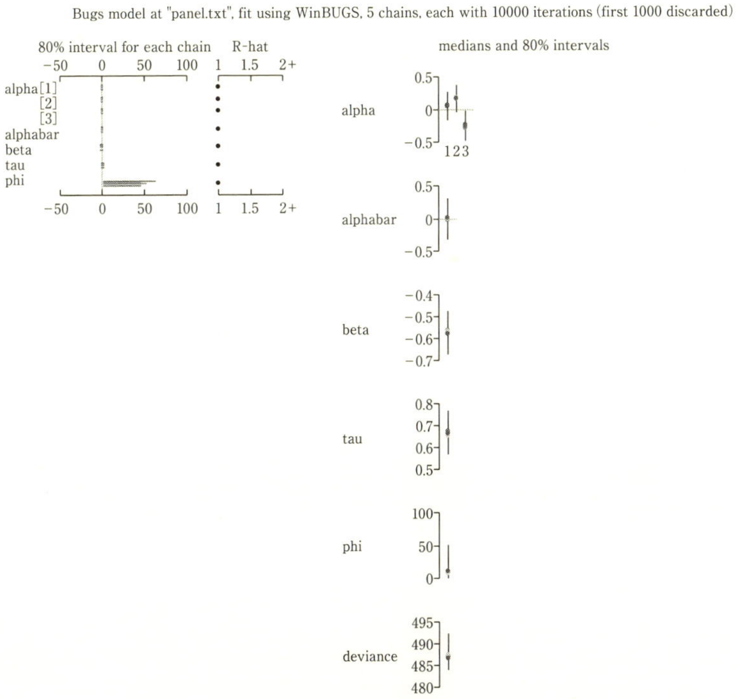

図 6.1 パネルデータを用いた線形回帰モデルの推定結果

ここで，DIC は**偏差情報量基準**（deviance information criterion）を意味し，モデル適合度を示す指標として使われている（Spiegelhalter *et al.*, 2002）.

いま，統計モデルがデータにどの程度あてはまるか（あてはまりのよさ）を示

す尺度として，**デビアンス**（deviance）を$D(y,\theta)=-2\log[p(\theta|y)]$と定義する．$\bar{D}$を$D$の事後平均，$\bar{\theta}$を$\theta$の事後平均とすると，$\bar{\theta}$から得られるデビアンスの点推定は，$\hat{D}=-2\log[p(\bar{\theta}|y)]$となる．モデルの複雑さを評価する「有効なパラメータ数」pDは，次のように表される．

$$pD=\bar{D}-\hat{D} \tag{6.12}$$

このとき，DICは次式により定義される．

$$DIC=\bar{D}+pD=\hat{D}+2pD \tag{6.13}$$

DICが最も小さいモデルがよいモデルとされる．

Rでは，**plm**ライブラリなどを用いて最尤推定法によるパネルデータの分析を適用できる．また，**Ecdat**ライブラリには，計量経済学で用いられるさまざまなパネルデータが用意されている．

6.2　自己回帰モデル

時系列データとして，われわれの生活になじみ深いのは，株価や為替変動に関する社会科学データや気温などの環境データがあげられる．また，DNA発現データも時系列データの一種であるといってよい．動学的な時系列モデルのうち，最も簡単な自己回帰モデルは，ある時点tの観測値y_tが，直前の時期$t-1$の観測値y_{t-1}に依存するAR(1)モデルである．

$$\begin{aligned} &y_t=\rho y_{t-1}+\alpha+u_t, \quad t=1,\cdots,T \\ &u_t\sim \text{i.i.d.}\mathcal{N}\left(0,\frac{1}{\tau}I\right) \end{aligned} \tag{6.14}$$

ただし，αとρは未知パラメータ，u_tはイノベーション誤差（ホワイトノイズ），初期観測値y_0および精度$\tau=1/\sigma^2$である．

上述のAR(1)モデルのy_{t-1}を次々に置き換えていくことにより，

$$\begin{aligned} y_t=&\rho^t y_0+\alpha(1+\rho+\rho^2+\cdots+\rho^{t-1}) \\ &+(u_t+\rho u_{t-1}+\cdots+\rho^{t-1}u_1) \end{aligned} \tag{6.15}$$

となる．プロセスが定常で$|\rho|<1$のとき，tが十分に大きければ，$\alpha(1+\rho+\rho^2+\cdots+\rho^{t-1})\cong\alpha/(1-\rho)$となる．また$\rho^t y_0$も無視できなくなる．他方，$\rho=1$のときには，

$$y_t=y_0+t\alpha+(u_t+u_{t-1}+\cdots+u_1) \tag{6.16}$$

となるため，パラメータのとり方によってモデルの解釈が異なる．そもそも

$\rho=1$ のときには，AR(1)の式(6.14) から，

$$y_t=y_{t-1}+\alpha+u_t \tag{6.17}$$

という，ドリフト α のランダムウォークになる．

ここで，α, ρ, τ および y_0 が既知のとき，尤度関数 $\ell(\alpha, \rho|y, y_0)$ は次式のように表せる．

$$\ell(\alpha, \rho|y, y_0)\propto \tau^{T/2}\exp\left\{-\frac{\tau}{2}\sum_{t=1}^{T}(y_t-\rho y_{t-1}-\alpha)^2\right\} \tag{6.18}$$

プロセスが定常で $|\rho|<1$ のとき，初期観測値 y_0 は平均 $\mu=\alpha/(1-\rho)$，分散 $\sigma^2/(1-\rho^2)$ の正規分布に従う（したがって精度は $\tau(1-\rho^2)$ となる）．このとき，尤度関数は次式のように与えることができる．

$$\begin{aligned}\ell(\alpha, \rho|y, y_0)&\propto p(y|\alpha, \rho, y_0, \tau)p(y_0|\alpha, \rho, \tau) \\ &=\tau^{T/2}\exp\left\{-\frac{\tau}{2}\sum_{t=1}^{T}(y_t-\rho y_{t-1}-\alpha)^2\right\} \\ &\quad\times\tau^{1/2}(1-\rho^2)^{1/2}\exp\left\{-\frac{\tau}{2}(1-\rho^2)(y_0-\mu)^2\right\} \\ &=\tau^{T/2}\exp\left\{-\frac{\tau}{2}\sum_{t=1}^{T}(y_t-\rho y_{t-1}-\mu(1-\rho))^2\right\} \\ &\quad\times\tau^{1/2}(1-\rho^2)^{1/2}\exp\left\{-\frac{\tau}{2}(1-\rho^2)(y_0-\mu)^2\right\}\end{aligned} \tag{6.19}$$

最尤推定法や最小二乗法，ユール-ウォーカー法，バーグ法を用いてARモデルを推定するには，**tseries** ライブラリの **ar()** 関数を用いればよい（デフォルトはユール-ウォーカー法で推定される）．最尤推定法で最大次数を定めずに推定すると，以下のような結果が得られる．

```
> ar1.mle <- ar(y, method="mle", aic=TRUE)
> ar1.mle
Call:
ar(x=y, aic=TRUE, method="mle")
Coefficients:
       1        2        3        4        5        6
  0.0420  -0.0190   0.0339   0.0313  -0.1231   0.0908

Order selected 6   sigma^2 estimated as   0.3477
```

```
> ar1.mle$aic
        0         1         2         3         4         5         6         7 ··
 1.178832  2.796870  4.585103  5.774628  7.423019  2.112021  0.000000  1.742532 ··
```

ベイズ推定する際には，式(6.19) の尤度関数を書いてもよいし（Lancaster, 2006, p.349 を参照），WinBUGS を使うなら，AR(1)の式を直接書く方法もある（“AR1_2.txt”）.

```
model{
for(t in 2:T){
y[t]~dnorm(m[t],tau)
m[t]<- alpha+rho*y[t-1]}
alpha~dnorm(0,0.001)
rho~dnorm(0,0.001)
tau~dgamma(0.001,0.001)}
```

ここでは，時系列データ分析用に作成された標本データ（“ar1.csv”）を用いる（図 6.2）.

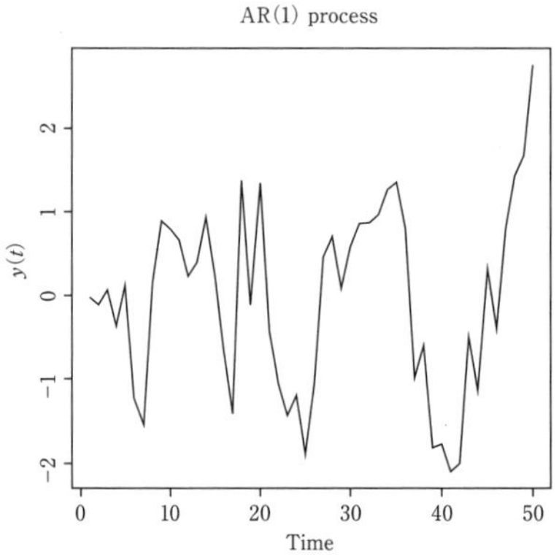

図 6.2 分析に用いた時系列データ

```
library(R2WinBUGS)
ar1 <- read.table("ar1.csv", sep=",", header=T)
time=ar1$time
y=ar1$y
plot(time, y, type="l", main="AR(1) process", xlab="time", ylab="y(t)")
T=nrow(ar1)
data <- list("T", "y")
inits <- function() {
list(
alpha=rnorm(1, 0, 0.1),
rho=rnorm(1, 0, 0.1),
tau=rgamma(1, 0.1, 0.1))}
parameters <- c("alpha", "rho", "tau")
ar1.post <- bugs(data, inits, parameters, model.file="ar1_2.txt", debug=FALSE,
n.iter=10000, n.burnin=1000, n.chains=3, bugs.directory="C:/Program Files/
WinBUGS14", working.directory=NULL)
ar1.post
plot(ar1.post)
```

ギブズ・サンプラーによる AR(1) モデルの推定結果は，以下のようになる（図 6.3）．

```
Inference for Bugs model at "ar1_2.txt", fit using winbugs,
3 chains, each with 10000 iterations(first 1000 discarded), n.thin=27
n.sims=1002 iterations saved
          mean  sd  2.5%   25%   50%   75% 97.5% Rhat n.eff
alpha      0.0 0.1  -0.2  -0.1   0.0   0.1   0.3    1  1000
rho        0.7 0.1   0.4   0.6   0.7   0.8   0.9    1  1000
tau        1.3 0.3   0.8   1.1   1.3   1.4   1.8    1  1000
deviance 127.7 2.5 124.8 125.9 127.0 128.8 133.9    1  1000

For each parameter, n.eff is a crude measure of effective sample size,
and Rhat is the potential scale reduction factor(at convergence, Rhat=1).
```

```
pD=3.1 and DIC=130.8(using the rule, pD=Dbar-Dhat)
DIC is an estimate of expected predictive error(lower deviance is better).
```

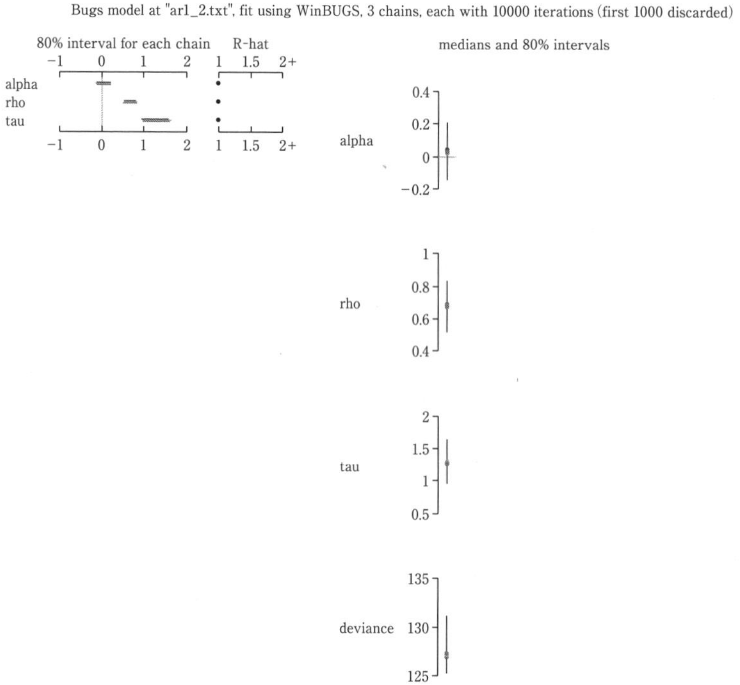

図 6.3 AR(1)モデルの推定結果表示例

コードを書き換えることにより，$p>1$ の AR(p)モデルを推定してみるとよい．Congdon(2006) や Lancaster(2006) などからも，AR(2)の BUGS コードを参照することができる．

また，推定した AR(1)モデルをもとに将来予測値 $Y_{T+1}, Y_{T+2}, \cdots$ は，パラメータ α, ρ および誤差項 ε_{T+1} の事後分布をもとに，次式から得られる．

$$Y_{T+1}=\alpha+\rho y_t+\varepsilon_{T+1} \tag{6.20}$$

ここで，ε_{T+1} の事後分布は，τ を与えて $\mathcal{N}(0, 1/\tau I_T)$ を計算することにより得られる．期間 $T+1, \cdots, T+\mathcal{F}$ の予測値を得たいとき，AR1_2.txt の 5 行目に以下の行を追加すればよい．

```
for(j in 1:F){
y[T+j]~dnorm(mu.new[T+j], tau)
mu.new[T+j]<- alpha+rho*y[T+j-1] }
```

6.3 自己回帰移動平均モデル

AR(p)モデルは，過去の出力の線形結合とランダムなイノベーション誤差とに依存する．また**移動平均モデル**（moving average：MA または MA(q)）は過去の出力とイノベーション誤差の線形結合として表現される．過去の出力の線形結合とイノベーション誤差の線形結合とで表現されるのが**自己回帰移動平均 ARMA(p, q)モデル**である．ARMA(1, 1)モデルは次式のように表される．

$$y_t=\rho_1 y_{t-1}+u_t-\theta_1 u_{t-1}+\varepsilon_{t-1},\quad t=1,\cdots,T \qquad (6.21)$$

$$\varepsilon_t \sim \text{i.i.d.}\mathcal{N}(0, 1/\tau_\varepsilon I)$$

$$u_t \sim \text{i.i.d.}\mathcal{N}(0, 1/\tau_u I)$$

tseries ライブラリの **arima( )** 関数を使うと，条件付き最小二乗法または最尤推定法により ARMA モデルを推定できる．AR(1)モデルの計算に用いたデータを使って，ARMA(1, 1)モデルを推定してみよう．

```
y.arma <- arima(y, c(1, 0, 1), method="ML")
y.arma
```

```
Call:
arima(x=y, order=c(1, 0, 1), method="ML")
Coefficients:
             ar1      ma1   intercept
         -0.2970   0.3294     -0.0149
s.e.      0.4902   0.4837      0.0274

sigma^2 estimated as 0.3567:  log likelihood=-451.75, aic=911.5
```

以下のような WinBUGS コード（“ARMA1_1.txt”）を用いれば，ARMA モデルをベイズ推定できる（Congdon, 2006 のコードを加筆修正）．

```
model{
for(t in 1:T) {y[t]~dnorm(m[t], tau.e)}
m[1]<- u[1]+mu
for(t in 2:T) {m[t]<- rho*y[t-1]+u[t]+thita*u[t-1]}
for(t in 1:T) {u[t]~dnorm(0, tau.u)}
mu~dnorm(0, 0.001)
rho~dnorm(0, 0.001)
thita~dnorm(0, 0.001)
tau.e~dgamma(0.001, 0.001)
tau.u~dgamma(0.001, 0.001)
}
```

```
library(R2WinBUGS)
arma <- read.table("ar1.csv", sep=",", header=T)
time=arma$time
y=arma$y
T=nrow(arma)
data <- list("T", "y")
inits <- function() {
list(
mu=rnorm(1, 0, 0.1),
rho=rnorm(1, 0, 0.1),
thita=rnorm(1, 0, 0.1),
tau.e=rgamma(1, 0.1, 0.1),
tau.u=rgamma(1, 0.1, 0.1))}
parameters <- c("mu", "rho", "thita", "tau.e", "tau.u")
arma.post <- bugs(data, inits, parameters,
model.file="arma1_1.txt", debug=FALSE,
n.iter=10000, n.burnin=1000, n.chains=3,
bugs.directory="C:/Program Files/WinBUGS14",
working.directory=NULL)
arma.post
plot(arma.post)
```

すると，以下のような結果が表示される（図 6.4）．

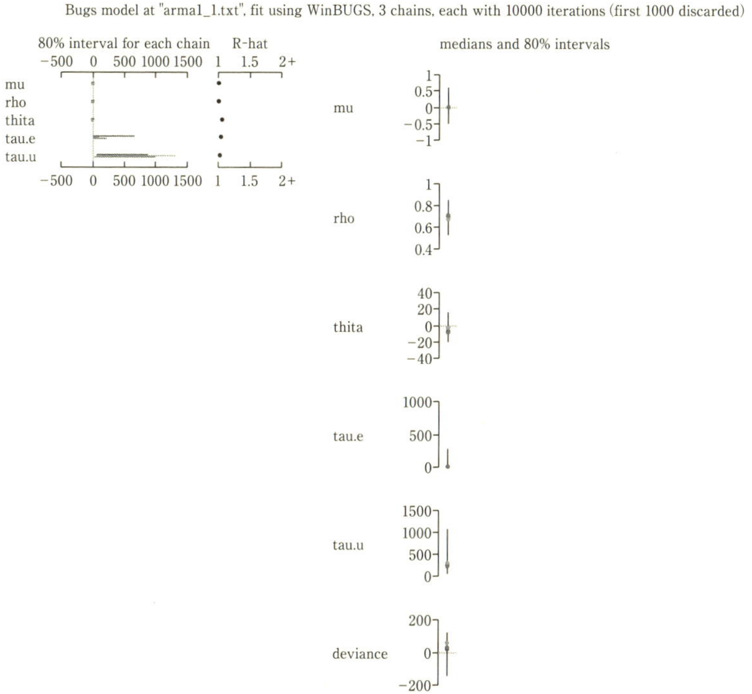

図 6.4 ARMA(1, 1) モデルのベイズ推定結果

Inference for Bugs model at "arma1_1.txt", fit using WinBUGS,
3 chains, each with 10000 iterations (first 1000 discarded), n.thin=27
n.sims=1002 iterations saved

	mean	sd	2.5%	25%	50%	75%	97.5%	Rhat	n.eff
mu	0.0	0.5	-1.0	-0.1	0.0	0.2	1.1	1.0	1000
rho	0.7	0.1	0.4	0.6	0.7	0.8	0.9	1.0	160
thita	-4.0	14.4	-29.5	-12.9	-7.3	5.8	28.3	1.1	41
tau.e	121.7	369.4	1.1	2.4	9.1	60.4	1114.2	1.0	64
tau.u	451.3	538.6	20.7	114.3	256.3	585.1	1985.6	1.0	130
deviance	9.6	101.3	-208.8	-65.7	33.2	99.0	130.4	1.1	59

```
For each parameter, n. eff is a crude measure of effective sample size,
and Rhat is the potential scale reduction factor(at convergence, Rhat=1).

DIC info(using the rule, pD=Dbar-Dhat)
pD=-3182.4 and DIC=-3172.8
DIC is an estimate of expected predictive error(lower deviance is better).
```

6.4　ベクトル自己回帰モデル

ベクトル自己回帰（VAR）モデルは，関連する複数の観測データを用いた経済予測などに用いられてきた．変数 $y_t=(y_{1t},\cdots,y_{Kt})$ について，VAR(p)モデルは以下のような構造をもつ．

$$y_t=\sum_{m=1}^{p} y_{t-m}\Phi_m+\alpha_0+u_t,\quad t=1,\cdots,T$$
$$u_t\sim\mathcal{N}_K(0,\Sigma) \tag{6.22}$$

ここで，Φ_l は $K\times K$ 行列，α_0 は $K\times 1$ の定数項ベクトル，u_t は $K\times 1$ の誤差項ベクトル，p はラグの長さである．

一例として，内閣府のホームページ（http://www.esri.cao.go.jp/jp/sna/menu.html）などから入手可能な，わが国の国民経済計算データから，家計最終消費支出（C_t）と GDP（Y_t）（いずれも四半期実質原系列）のデータを用いて，両者の関係を VAR(4) モデルで推定することを考える（図 6.5）．このとき，$K=2$ かつ $p=4$ であり，C_t と Y_t との関係は，例えば次のように表すことができる．

$$C_t=\alpha_1+\sum_{m=1}^{p}\rho_{1mt}C_{t-m}+\sum_{m=1}^{p}\beta_{1mt}Y_{t-m}+u_{1t} \tag{6.23}$$

$$Y_t=\alpha_2+\sum_{m=1}^{p}\rho_{2mt}Y_{t-m}+\sum_{m=1}^{p}\beta_{2mt}C_{t-m}+u_{2t} \tag{6.24}$$

tseries ライブラリの **ar()** 関数を用いれば，最尤推定法などにより VAR モデルを推定できる（図 6.6）．

```
library(tseries)
# データの読み込みと時系列分析用データの生成
jpyc <- read. table("jpyc. csv", sep=",", header=T)
jpyc.d=matrix(0, nrow=(nrow(jpyc)-5), ncol=2)
```

```
for(i in 1:(nrow(jpyc)-5)){
jpyc.d[i,1]<-log(jpyc[i+4,2])-log(jpyc[i+3,2])
jpyc.d[i,2]<-log(jpyc[i+4,3])-log(jpyc[i+3,3])}
jpyc.ts<-ts(jpyc.d, start=c(1995), frequency=4)
colnames(jpyc.ts)<- c("GDP","CONS")
ts.plot(jpyc.ts, col=c(1,2))

# VAR(4)の最尤推定
jpyc.var<-ar(jpyc.ts, aic=T, order.max=4)
plot(jpyc.var$res)
```

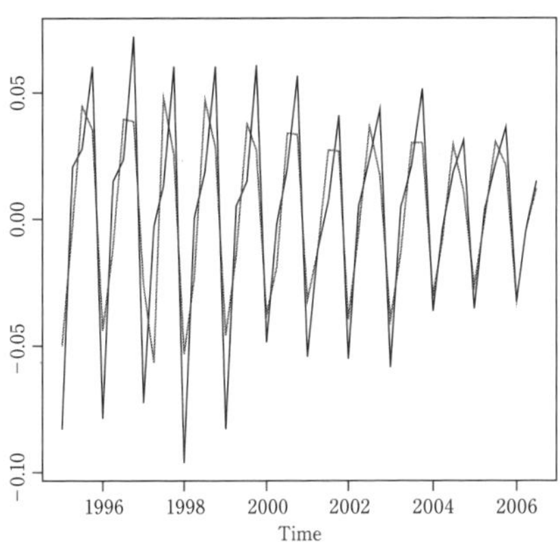

図 6.5 時系列データ

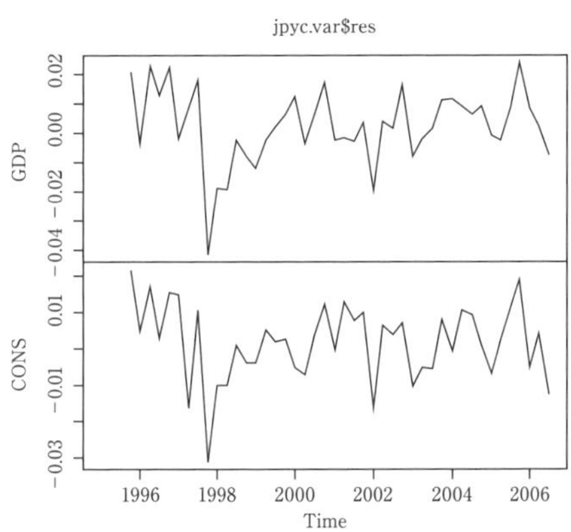

図 6.6 VAR(4)モデルの最尤推定結果

次に，Geweke 流の事前情報を与える方法（Zellner, 1985；Litterman, 1985）でベイズ推定を行う．WinBUGS コードは以下のように記述できる（“var_4.txt”）（Congdon, 2006 のコードを加筆修正）．

```
model{
for(t in 1:T){
C[t]<- CONS[t]
Y[t]<- INC[t]}
```

```
for(t in p+1:T){
C[t]~dnorm(C.mu[t],C.tau)
Y[t]~dnorm(Y.mu[t],Y.tau)
C.mu[t]<- alp1+Clag1[t]+Ylag1[t]
Y.mu[t]<- alp2+Ylag2[t]+Clag2[t]
Clag1[t]<- rho1[1]*C[t-1]+rho1[2]*C[t-2]+rho1[3]*C[t-3]+rho1[4]*C[t-4]
Ylag1[t]<- beta1[1]*Y[t-1]+beta1[2]*Y[t-2]+beta1[3]*Y[t-3]+beta1[4]*Y
[t-4]
Ylag2[t]<- rho2[1]*Y[t-1]+rho2[2]*Y[t-2]+rho2[3]*Y[t-3]+rho2[4]*Y[t-4]
Clag2[t]<- beta2[1]*C[t-1]+beta2[2]*C[t-2]+beta2[3]*C[t-3]+beta2[4]*C
[t-4]}

alp1~dnorm(0,0.001)
alp2~dnorm(0,0.001)

for(m in 1:p){
rho1[m]~dnorm(0,0.01)
rho2[m]~dnorm(0,0.01)
beta1[m]~dnorm(0,0.01)
beta2[m]~dnorm(0,0.01)}

C.tau~dgamma(0.001,0.001)
Y.tau~dgamma(0.001,0.001)}
```

```
library(R2WinBUGS)
INC=c(jpyc.ts[,1])
CONS=c(jpyc.ts[,2])
T=length(INC)
p=4      # ラグ
data <- list("T","INC","CONS","p")
inits <- function(){
list(
alp1=rnorm(1,0,1.0),
```

```
alp2=rnorm(1, 0, 1.0),
rho1=rnorm(p, 0, 1.0),
rho2=rnorm(p, 0, 1.0),
beta1=rnorm(p, 0, 1.0),
beta2=rnorm(p, 0, 1.0),
C.tau=rgamma(1, 0.1, 0.1),
Y.tau=rgamma(1, 0.1, 0.1))}
parameters <- c("alp1", "alp2", "rho1", "rho2", "beta1", "beta2", "C.tau", "Y.tau")
var4.post <- bugs(data, inits, parameters,
model.file="var_4.txt", debug=FALSE,
n.iter=10000, n.burnin=1000, n.chains=3,
bugs.directory="C:/Program Files/WinBUGS14",
working.directory=NULL)
var4.post
```

このとき，以下のような結果が表示される（図 6.7）.

```
Inference for Bugs model at "var_4.txt", fit using WinBUGS,
3 chains, each with 10000 iterations(first 1000 discarded), n.thin=27
n.sims=1002 iterations saved
           mean   sd  2.5%   25%   50%   75%  97.5% Rhat n.eff
alp1        0.0  0.0   0.0   0.0   0.0   0.0    0.0    1  1000
alp2        0.0  0.0   0.0   0.0   0.0   0.0    0.0    1   920
rho1[1]    -0.6  0.3  -1.1  -0.8  -0.6  -0.4   -0.1    1   470
rho1[2]    -0.4  0.3  -1.0  -0.6  -0.4  -0.2    0.2    1  1000
rho1[3]     0.2  0.3  -0.5  -0.1   0.2   0.4    0.8    1  1000
rho1[4]     0.1  0.3  -0.5  -0.1   0.1   0.3    0.8    1  1000
rho2[1]     0.1  0.2  -0.4  -0.1   0.1   0.3    0.6    1  1000
rho2[2]     0.0  0.2  -0.5  -0.1   0.0   0.2    0.5    1  1000
rho2[3]    -0.5  0.2  -1.0  -0.7  -0.5  -0.3    0.0    1  1000
rho2[4]     0.6  0.2   0.1   0.4   0.6   0.7    1.1    1  1000
beta1[1]    0.4  0.2   0.0   0.3   0.4   0.6    0.9    1   480
beta1[2]   -0.1  0.2  -0.6  -0.3  -0.1   0.1    0.3    1  1000
```

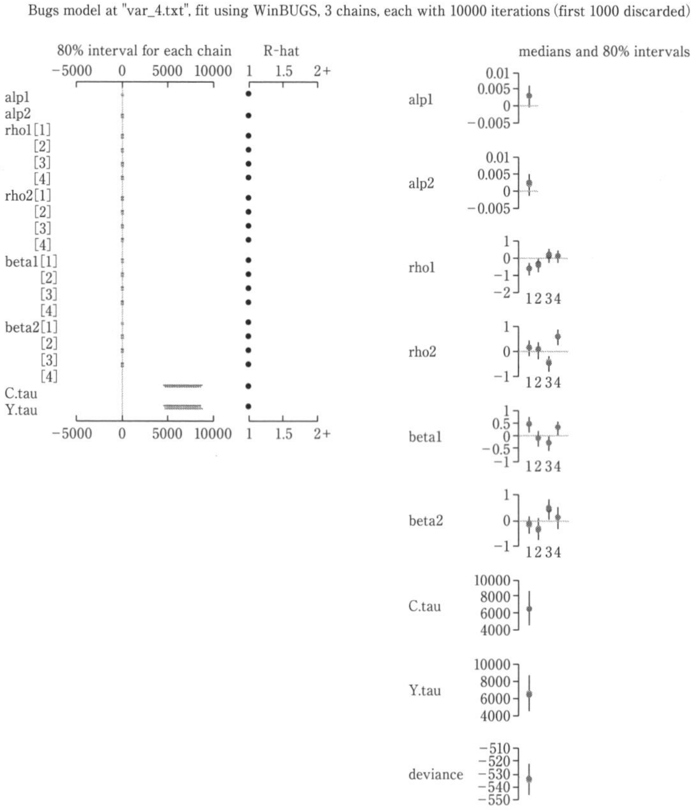

図 6.7　VAR(4) モデルのベイズ推定結果

beta1[3]	-0.3	0.3	-0.7	-0.5	-0.3	-0.1	0.2	1	940
beta1[4]	0.3	0.2	-0.2	0.1	0.3	0.5	0.7	1	1000
beta2[1]	-0.2	0.3	-0.8	-0.4	-0.2	0.0	0.4	1	1000
beta2[2]	-0.4	0.3	-1.0	-0.6	-0.4	-0.1	0.3	1	1000
beta2[3]	0.4	0.3	-0.2	0.2	0.4	0.6	1.1	1	1000
beta2[4]	0.1	0.3	-0.5	-0.1	0.1	0.3	0.7	1	1000
C. tau	6496.2	1524.7	3745.1	5360.2	6415.0	7475.2	9664.6	1	1000
Y. tau	6524.8	1647.1	3726.1	5445.2	6347.0	7424.0	10348.2	1	1000
deviance	-534.2	9.7	-551.6	-541.1	-534.8	-527.5	-512.7	1	1000

For each parameter, n. eff is a crude measure of effective sample size,

```
and Rhat is the potential scale reduction factor(at convergence, Rhat=1).

DIC info(using the rule, pD=Dbar-Dhat)
pD=20.7 and DIC=-513.5
DIC is an estimate of expected predictive error(lower deviance is better).
```

なお，R の **MSBVAR** ライブラリを用いれば，より一般的な事前情報を与える方法（Sims and Zha, 1998；Waggoner and Zha, 2000；Brandt and Freeman, 2005）を適用できる．

6.5 ARCH・GARCH モデル

時系列データは**分散均一**（homoschedastic）過程の文脈で分析されるが，クロスセクションデータでは**分散不均一**（heteroschedastic）な状況がしばしば生じる．ばらつきの時間変動を考慮したモデルの 1 つに，ARCH（autoregressive conditional heteroschedastic，自己回帰条件付き分散不均一）**モデル**がある．ARCH(1) モデルは，次式のように表される．

$$y_t = X_t\beta + \varepsilon_t \tag{6.25}$$

$$\varepsilon_t = u_t\sqrt{h_t} \tag{6.26}$$

$$h_t = \alpha_0 + \alpha_1\varepsilon_{t-1}^2 \tag{6.27}$$

ただし，α_0 と α_1 はともに正である．ARCH モデルでは，u_t が正規分布 $\mathcal{N}(0, 1)$ に従うと仮定するモデルと，自由度 v の Student の t 分布 $\mathcal{T}_v(0, 1, v)$ に従うと仮定するモデルが提案されている．誤差項 ε_t の平均は 0 となるが，分散は，

$$Var[\varepsilon_t|\varepsilon_{t-1}] = E[\varepsilon_t^2|\varepsilon_{t-1}] = E[u_t^2][\alpha_0 + \alpha_1\varepsilon_{t-1}^2] = \alpha_0 + \alpha_1\varepsilon_{t-1}^2 \tag{6.28}$$

となることから，ε_t は**条件付き分散不均一**（conditionally heteroschedastic）である．

ここで，ARCH(1) の対数尤度関数は，次式のように表される．

$$\ln \ell = \sum_{t=1}^{T} -\frac{1}{2}\left(\ln(2\pi) + \ln(h_t) + \frac{\varepsilon_t^2}{h_t}\right) \tag{6.29}$$

R の **tseries** ライブラリおよび **fSeries** ライブラリを用いて，ARCH(1) 分析用のサンプルデータを生成するとともに，最尤推定法により ARCH モデルを推定してみよう．

```
library(tseries)
library(fSeries)

# arch(1)および garch(1,1)分析用データの生成
n <- 600
a <- c(0.2, 0.5)
e <- rnorm(n)
y <- double(n)
y[1]<- rnorm(1, sd=sqrt(a[1]/(1.0-a[2])))
for(i in 2:n) {
y[i]<- e[i]*sqrt(a[1]+a[2]*y[i-1]^2)}
y <- ts(y[101:n])
T=length(y)

# ARCH(1)の最尤推定
y.arch <- garch(y, order=c(0,1))
summary(y.arch)
plot(y.arch)
```

すると，以下のような結果が得られる（図 6.8）．

```
>summary(y.arch)
Call:
garch(x=y, order=c(0,1))
Model:
GARCH(0,1)
Residuals:
      Min        1Q    Median       3Q      Max
 -3.92999  -0.67139  -0.04686  0.56645  3.22102

Coefficient(s):
      Estimate  Std.Error  t value  Pr(>|t|)
a0     0.18599    0.01679   11.080   < 2e-16 ***
a1     0.54591    0.08012    6.814   9.5e-12 ***
```

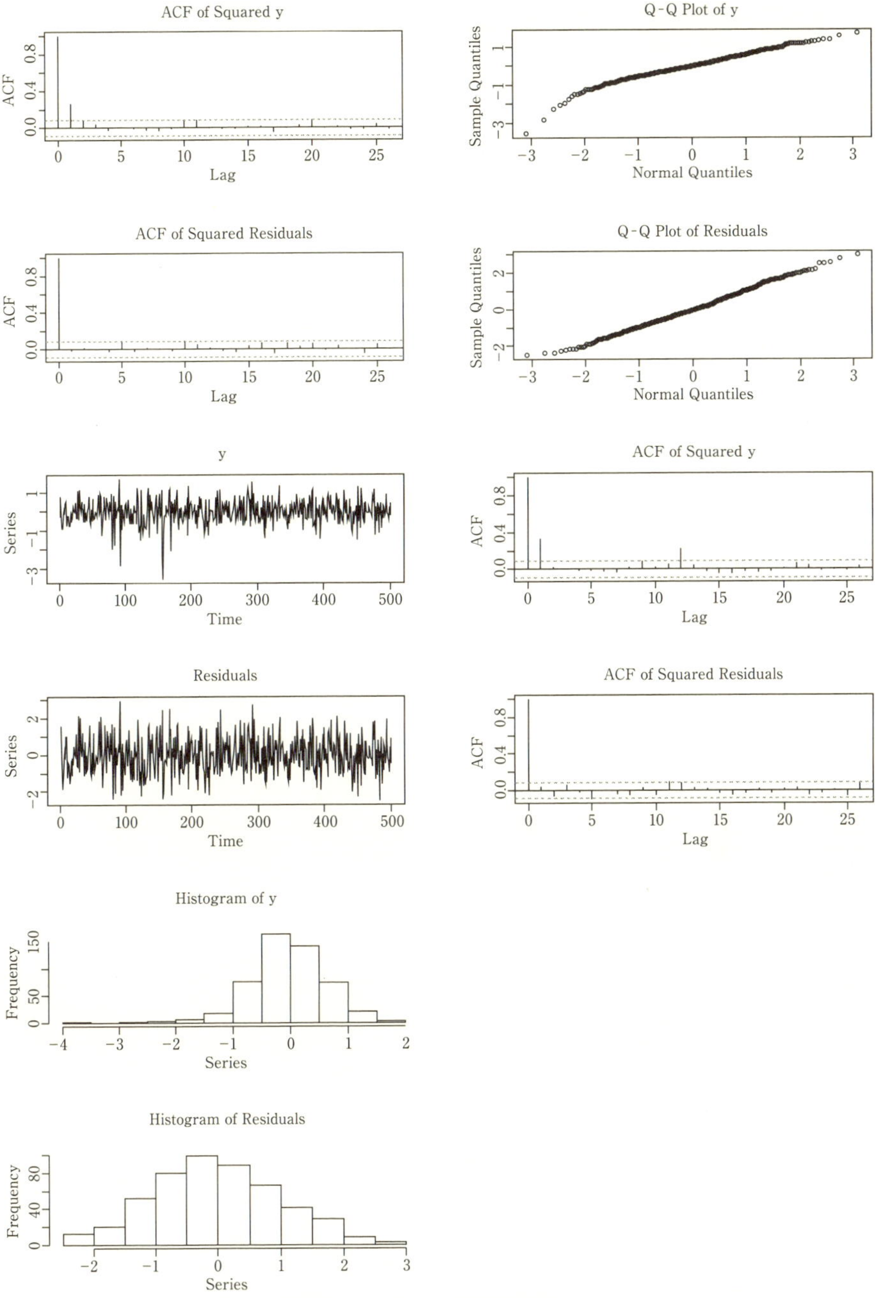

図 6.8　ARCH(1)の最尤推定結果

```
---
Signif. codes:  0'***'0.001'**'0.01'*'0.05'.'0.1''1
Diagnostic Tests:
        Jarque Bera Test
data:  Residuals
X-squared=6.4628, df=2, p-value=0.0395
        Box-Ljung test
data:  Squared.Residuals
X-squared=0.1626, df=1, p-value=0.6868
```

ARCH(1)のベイズ推定を行うには，以下のような WinBUGS コード（“arch_1.txt”）を適用する（Congdon, 2006 のコードを加筆修正）．ただしここでは，WinBUGS ではなく，OpenBUGS を用いて推定を行う．

```
model {for(t in 2:500) {
y[t]~dnorm(0, P[t])
h[t]<- gam+alph*pow(y[t-1], 2)
P[t]<- 1/h[t]}
gam~dgamma(1, 1)
alph~dunif(0, 1)}
```

```
library(R2WinBUGS)
y=c(y)
data <- list("y")
inits <- function() {
list(
gam=rgamma(1, 1, 1),
alph=runif(1, 0, 1))}
parameters <- c("gam", "alph")
arch1.post <- bugs(data, inits, parameters,
model.file="arch_1.txt",
n.iter=10000, n.burnin=1000, n.chains=2,
```

```
program="openbugs",
bugs.directory="C:/Program Files/OpenBUGS/",
working.directory=NULL, digits=10)
print(arch1.post, digit=3)
plot(arch1.post)
```

すると，以下のような結果が得られる（図 6.9）．

```
> print(arch1.post, digit=3)
Inference for Bugs model at "arch_1.txt", fit using OpenBUGS,
2 chains, each with 10000 iterations(first 1000 discarded), n.thin=18
n.sims=1000 iterations saved
            mean    sd    2.5%     25%     50%     75%   97.5% Rhat n.eff
gam        0.188 0.019   0.155   0.175   0.187   0.200   0.228 1.002  1000
alph       0.563 0.101   0.383   0.494   0.559   0.627   0.768 1.000  1000
deviance 829.111 1.949 827.200 827.691 828.488 829.861 834.749 1.006   640

For each parameter, n.eff is a crude measure of effective sample size,
and Rhat is the potential scale reduction factor(at convergence, Rhat=1).

DIC info(using the rule, pD=Dbar-Dhat)
pD=2.0 and DIC=831.1
DIC is an estimate of expected predictive error(lower deviance is better).
```

一般化された（generalized）ARCH モデルを **GARCH モデル**といい，誤差項が正規分布または Student の t 分布に従うモデルがしばしば用いられる．誤差項が t 分布に従う GARCH(1, 1) は次式のように表される（Bauwens and Lubrano, 1998）．

$$y_t = u_t\sqrt{\boldsymbol{h}_t} \tag{6.30}$$

$$\boldsymbol{h}_t = \alpha_0 + \alpha_1 y_{t-1}^2 + \alpha_2 \boldsymbol{h}_{t-1} \tag{6.31}$$

$$u_t \sim \mathcal{T}_v(0, 1, v)$$

ただし，$\boldsymbol{h}_t > 0$ を確保するために，パラメータはそれぞれ $\alpha_0 \geq 0$，$\alpha_1 > 0$，$\alpha_2 \geq 0$ でなくてはならない．また，$y_t \sim \mathcal{T}_v(0, \boldsymbol{h}_t v/(v-2), v)$ である．

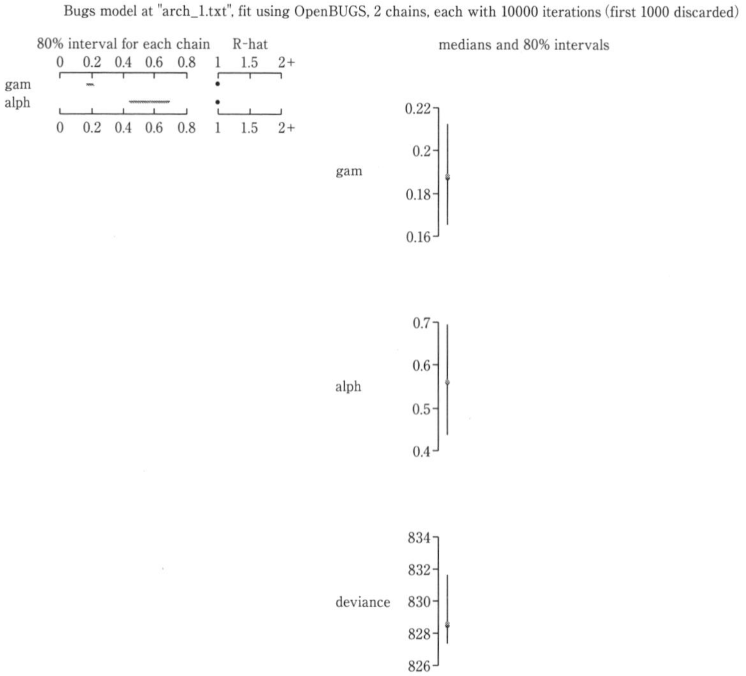

図 6.9 ARCH モデルのベイズ推定結果

GARCH(1, 1) の対数尤度関数は，次式のように表される．

$$\ln \boldsymbol{\ell} = \sum_{t=1}^{T} -\frac{1}{2}\left(\ln(2\pi) + \ln(\boldsymbol{h}_t) + \frac{y_t^2}{\boldsymbol{h}_t}\right) \tag{6.32}$$

ARCH(1) の推定に用いた標本データを用いて，GARCH(1, 1) を最尤推定してみよう．

```
# GARCH(1, 1)の最尤推定
library(fSeries)
y.garch <- garch(y, order=c(1, 1))
summary(y.garch)
plot(y.garch)
```

すると，以下のような結果が得られる（図 6.10）．

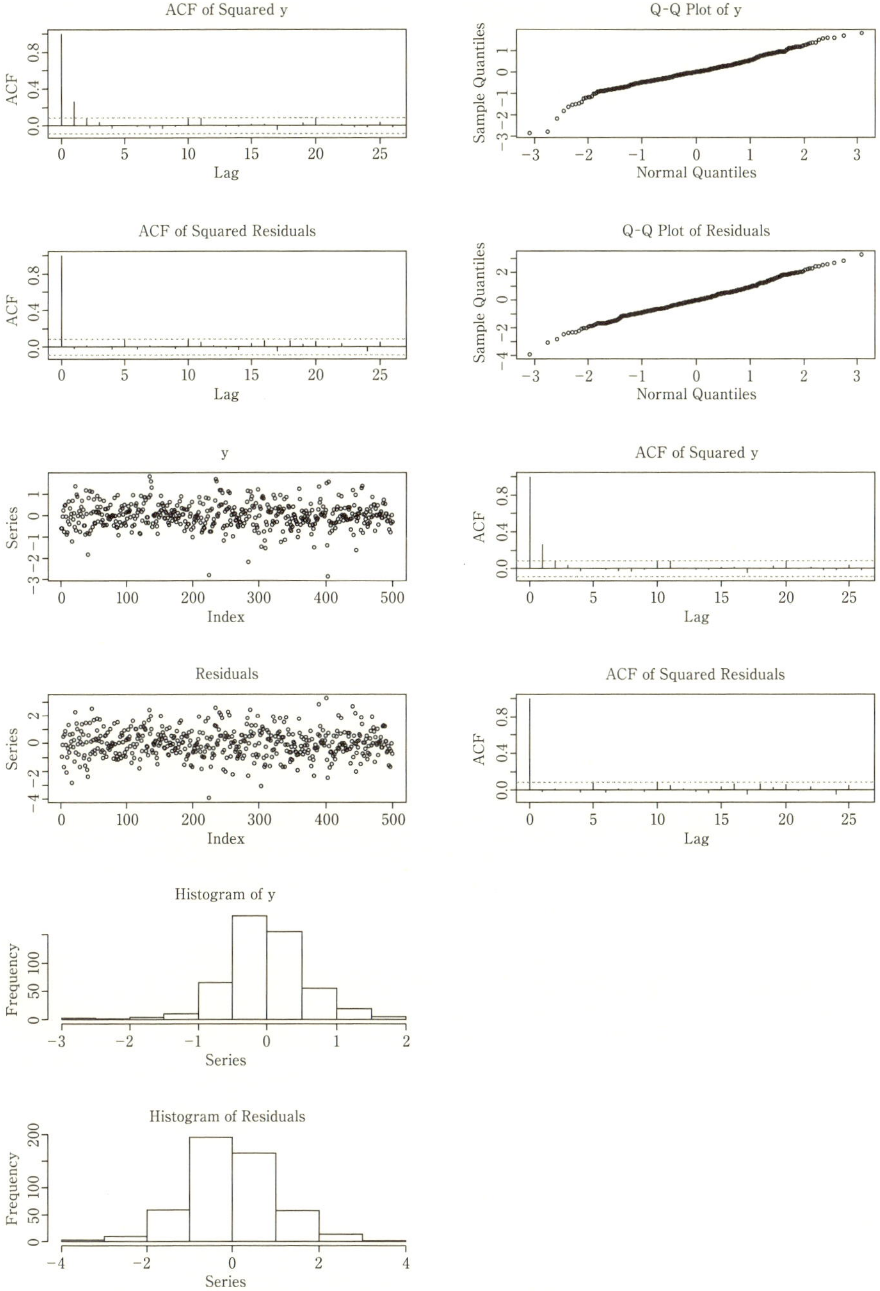

図 6.10　GARCH(1, 1) モデルの最尤推定結果

```
> summary(y.garch)
Call:
garch(x=y, order=c(1, 1))
Model:
GARCH(1, 1)
Residuals:
      Min        1Q    Median        3Q       Max
 -3.93565  -0.67051  -0.04694   0.56673   3.22718

Coefficient(s):
        Estimate   Std.Error   t value    Pr(>|t|)
a0      0.184093   0.025217     7.300     2.87e-13 ***
a1      0.544688   0.080360     6.778     1.22e-11 ***
b1      0.006106   0.068495     0.089        0.929

---
Signif. codes:  0'***'0.001'**'0.01'*'0.05'.'0.1''1
Diagnostic Tests:
        Jarque Bera Test
data:  Residuals
X-squared=6.577, df=2, p-value=0.03731
        Box-Ljung test
data:  Squared.Residuals
X-squared=0.1503, df=1, p-value=0.6982
```

次に，ギブズ・サンプラーによりベイズ推定を実行する．GARCH(1, 1)のベイズ推定を行うには，以下のようなWinBUGSコード（“garch1_1t.txt”）を適用する（Congdon, 2006のコードを加筆修正）．

```
model{for(t in 2:500) {
y[t]~dt(0,P[t],k)
h[t]<- gam+alph*pow(y[t-1],2)+beta*h[t-1]
P[t]<- 1/h[t]}
h[1]<- h.1
```

```
h.1~dgamma(1, 1)
gam~dgamma(1, 1)
alph~dnorm(0, 1)I(0, )
beta~dnorm(0, 1)I(0, )
sumcoef <- alph+beta
Stat <- step(1-sumcoef)
k~dexp(0.1)}

# GARCH(1, 1)のベイズ推定
library(R2WinBUGS)
y=c(y)
data <- list("y")
inits <- function(){
list(
gam=rgamma(1, 0.1, 0.1),
alph=runif(1, 0, 0.01),
beta=runif(1, 0, 0.01),
h.1=rgamma(1, 0.1, 0.1),
k=rexp(1, 0.1))}
parameters <- c("gam", "alph", "beta", "h.1", "k")
garch1t.post <- bugs(data, inits, parameters,
model.file="garch1_1t.txt",
n.iter=1000, n.burnin=100, n.chains=2,
program="openbugs",
bugs.directory="c:/Program Files/OpenBUGS/",
working.directory=NULL, digits=5)
print(garch1t.post, digit=3)
plot(garch1t.post)
```

このとき，以下のような結果が得られる（図 6.11）（計算には非常に時間がかかることが多い）．

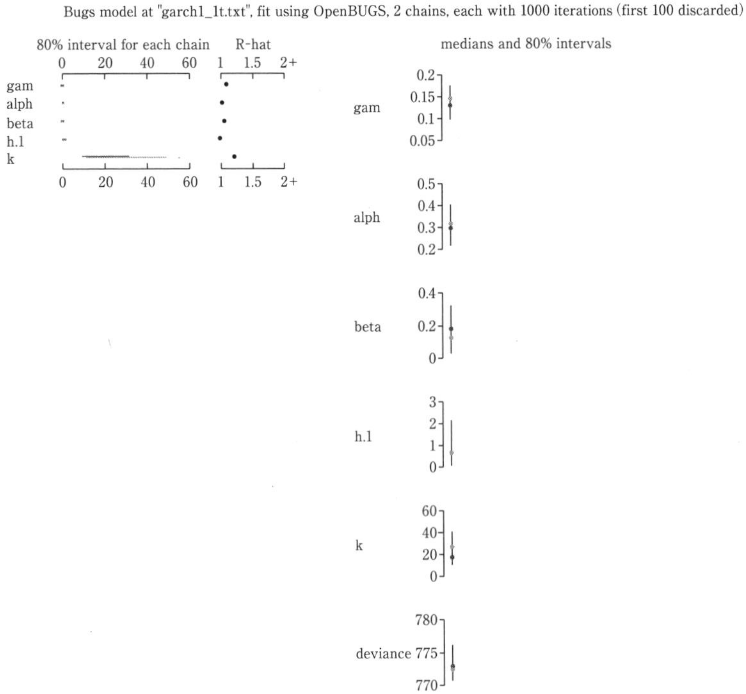

図 6.11　GARCH(1, 1) モデルのベイズ推定結果

```
> print(garch1t.post, digit=3)
Inference for Bugs model at "garch1_1t.txt", fit using OpenBUGS,
2 chains, each with 1000 iterations(first 100 discarded)
n.sims=1800 iterations saved
            mean     sd    2.5%     25%     50%     75%   97.5%  Rhat n.eff
gam        0.138  0.030   0.082   0.116   0.138   0.157   0.193 1.098    21
alph       0.309  0.074   0.177   0.256   0.306   0.358   0.462 1.023    79
beta       0.164  0.113   0.009   0.070   0.144   0.243   0.414 1.066    33
h.1        0.945  0.950   0.019   0.262   0.657   1.371   3.316 1.001  1800
k         23.448 12.979   7.963  13.221  19.838  30.689  55.202 1.222    11
deviance 773.122  2.393 770.233 771.429 772.587 774.252 779.082 1.016   100
```

```
For each parameter, n. eff is a crude measure of effective sample size,
and Rhat is the potential scale reduction factor (at convergence, Rhat=1).

DIC info (using the rule, pD=Dbar-Dhat)
pD=3.1 and DIC=776.2
DIC is an estimate of expected predictive error (lower deviance is better).
```

6.6 確率的ボラティリティ変動モデル

確率的ボラティリティ変動（以下，SV）モデルは，時間により変化する分散（ボラティリティ）σ_t^2 をモデル化する手法であり，ファイナンス分野の時系列解析に有効なモデルの1つと考えられている．SV モデルに対して，ARCH モデルおよびその発展形のモデルは，別の方法でボラティリティの変動の定式化を行ったモデルである．なお，MCMC の SV モデルへの適用については，大森・渡部(2007）や中妻(2006)，Meyer and Yu(2000）に詳しい．

時系列データ $\{y_t\}(t=1, 2, \cdots, T)$ に対して，SV モデルは次のように表される．

$$y_t = u_t \exp\left\{\frac{\boldsymbol{h}_t}{2}\right\} \tag{6.33}$$

$$\boldsymbol{h}_t = \mu + \rho \boldsymbol{h}_{t-1} + v_t \tag{6.34}$$

ここで，$u_t \sim \mathcal{N}(0, 1)$ および $v_t \sim \mathcal{N}(0, \sigma^2)$ である．また $|\rho|<1$ のとき，$\boldsymbol{h}_t$ は定常な AR(1) モデルとなり，その分布は平均 $\mu/(1-\rho)$，分散 $\sigma^2/(1-\rho)$ の正規分布に従う．SV モデルは隠れマルコフモデル（HMM）の一種であり，上の式では $\boldsymbol{h}_t$ の式が**隠れ連鎖**（hidden chain）となっている．

以下のような BUGS コード（sv.txt）を適用する（Lancaster, 2006 のコードを加筆修正）．

```
model{
for(i in 1:T){
y[i] ~ dnorm(0, p[i])
p[i]<- exp(-h[i])}
h[1] ~ dnorm(muh, qh)
```

```
muh <- mu1/ (1-rho)
qh <- sig*(1-rho*rho)
for(j in 2:T){
h[j] ~ dnorm(mu2[j], sig)
mu2[j]<- mu1+rho*h[j-1]}
mu1 ~ dnorm(0, 0.0001)
sig ~ dgamma(0.0001, 0.0001)
rho ~ dunif(-0.999, 0.999)}
```

```
# SV モデルのベイズ推定
svdat=read.table("svdat.csv", sep=",", header=T)
T=nrow(svdat)
y=svdat$y
h=svdat$h
data <- list("T", "y", "h")
inits <- function(){
list(
mu1=rnorm(1, 0, 0.1),
sig=rgamma(1, 0.1, 0.1),
rho=runif(1, -0.999, 0.999))}
parameters <- c("mu1", "sig", "rho")
sv.post <- bugs(data, inits, parameters,
model.file="sv.txt", debug=FALSE, n.iter=10000, n.burnin=1000, n.chains=3,
bugs.directory="C:/ Program Files/ WinBUGS14", working.directory=NULL)
print(sv.post, digit=3)
plot(sv.post)
```

すると，以下のような結果が得られる（図 6.12）.

```
> print(sv.post, digit=3)
Inference for Bugs model at "sv.txt", fit using winbugs,
3 chains, each with 10000 iterations(first 1000 discarded), n.thin=27
```

n. sims=1002 iterations saved

	mean	sd	2.5%	25%	50%	75%	97.5%	Rhat	n. eff
mu1	0.0	0.0	-0.1	-0.1	0.0	0.0	0.0	1	710
sig	1.0	0.0	0.9	1.0	1.0	1.0	1.1	1	1000
rho	0.5	0.0	0.4	0.5	0.5	0.5	0.6	1	1000
deviance	5587.4	2.5	5585.0	5586.0	5587.0	5588.0	5594.0	1	1000

For each parameter, n. eff is a crude measure of effective sample size,
and Rhat is the potential scale reduction factor(at convergence, Rhat=1).
pD=3.0 and DIC=5590.4(using the rule, pD=Dbar-Dhat)
DIC is an estimate of expected predictive error(lower deviance is better).

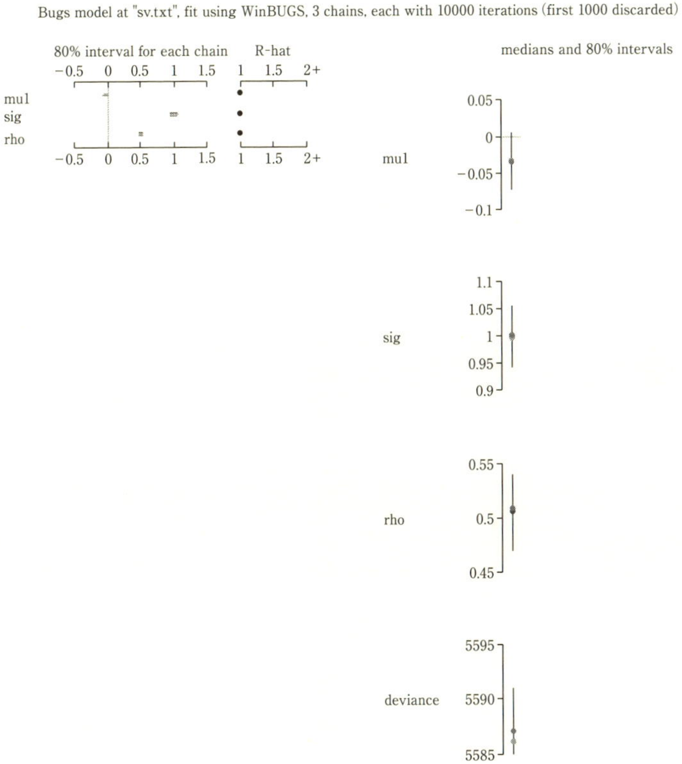

図 6.12 SV モデルのベイズ推定結果

APPENDIX A　Rの基礎

Rはさまざまな書籍・ホームページなどで紹介されている．そのため，Rの扱いについては，本書で扱われている事項に関して，必要最低限の説明にとどめる．

A.1　Rのダウンロードとインストール手順

① CRANサイト（http://cran.r-project.org/）やミラーサイトなどから，ダウンロードファイルのあるフォルダにアクセスする．

② 最新版のプログラム（.exeファイル）をダウンロードし，PC上の適当な場所に保存する．バージョン2.5.1だと「R-2.5.1-win32.exe」となっている．

③ 保存したプログラムファイルをダブルクリックして，インストールを開始する．最初にインストール使用言語として「日本語」を選ぶ．

④ セットアップウィザードを開始し，R for Windowsのインストール先を設定したのち，インストールを実行する．本書では，インストール先が「C:¥Program Files¥R¥R-2.5.1」となっているものとする．

⑤ インストール終了後，起動する．

A.2　ベイズ統計関連パッケージのインストールと読み込み

Rではベイズ統計の解析を行うためのさまざまなパッケージが提供されている．本書でも，さまざまなパッケージを使って解析を行っている．ベイズ統計関連のパッケージをインストールするには，R上で以下のように入力する．毎回，パッケージのインストール時にはCRAN mirror画面でミラーサイトを選択する．

```
install.packages("ctv")
```

```
library(ctv)
install.views("Bayesian")
```

ベイズ関連のパッケージは，http://cran.r-project.org/src/contrib/Views/Bayesian.html からも閲覧できる．各パッケージのサイトに移動すると，マニュアルなどが入手できる．

本書で登場するベイズ関連パッケージは，**MCMCpack**，**bayesm**，**R2WinBUGS**，**coda** である．上記の方法でダウンロードに時間がかかる場合などは，各パッケージを個別にインストールするとよい．

ベイズ関連以外には，**MASS**（主要な関数が含まれるパッケージ集），**lme4**（マルチレベルモデル），**tseries**，**fSeries**（いずれも時系列解析）などのパッケージを利用している．

A.3 データファイルの入出力と簡単なプログラミング

R を使って統計モデルをベイズ推定する場合，データファイルの入出力や変数の操作，マルコフ連鎖モンテカルロ法（MCMC）を使ったシミュレーションに必要な，簡単なプログラミングについて理解しておく必要がある．

A.3.1 変数の設定

"<-" を使い，「任意の変数 <- 数」で変数の値を設定する（<- の代わりに = 記号でもよい）．また，";" で複数行を 1 行にまとめることができる．

```
n <- 3
```

A.3.2 行列とベクトル

行列は **matrix** 関数で，ベクトルは **c()** で作成する． **as.matrix()** でデータを行列に，**as.vector()** でデータをベクトルに変換できる．**sample()** はランダムな並べ替えを行う関数である．

```
# ベクトルの作成
y <- c(1,2,3)
# 1～10 までの数をランダムに並び変え，そのうち 9 個を抽出
```

```
x <- sample(1:10, 9)
# 要素が x の n×n 行列．byrow=TRUE で行順，FALSE で列順に並べる．
x <- matrix(x, nrow=n, ncol=n, byrow=TRUE)
colnames(x) <- c("x1", "x2", "x3")          # 列に名前を付ける
rownames(x)=c("t1", "t2", "t3")             # 行に名前を付ける
nrow(x)                                     # 行数
ncol(x)                                     # 列数
xt <- t(x)                                  # 行列を転置
x%*%xt                                      # 行列の積
solve(x)                                    # 逆行列
diag(x)                                     # 対角要素
crossprod(x, x)                             # 直積
data <- list("y", "x")                      # データリストの作成
```

A.3.3 ファイル入出力

第 4 章以降では，カンマ（,）区切りのテキストファイル＝ CSV ファイルを読み込み，分析に用いている．データファイルの入力は **read. table()**，出力は **write. table()** で行う．

```
# ファイル入力　read. table("ファイル名", sep="区切り記号", header=T)
# header=T なら 1 行目を行頭とし，header=F なら 1 行目からデータとして読み
込む
ar1 <- read. table("ar1. csv", sep=",", header=T)
# データの出力
write. table(x, "x. csv", sep=",")
```

A.3.4 基本統計量

平均，分散，標準偏差，合計といった基本統計量は，以下の関数により計算する．

```
# 平均
mean(ar1$y)                    # ar1$y は ar1 データの y に関するデータ
# 分散
```

```
var(ar1$y)
# 標準偏差
stdev(ar1$y)
# 合計
sum(ar1$y)
```

A.3.5 線形回帰分析

線形回帰分析には，**lm()** 関数を用いる．

```
lm.res <- lm(ar1$y~ar1$t)          # lm.res オブジェクトに結果を格納
summary(lm.res)                    # lm.res の概要を表示
```

A.3.6 図のプロット

plot() 関数を用いて 2 次元上にデータをプロットする．

```
# plot(x 軸データ, y 軸データ, type, main="図タイトル", xlab="x 軸ラベル",
ylab="y 軸ラベル")
plot(1:nrow(ar1), ar1$y, type="l", main="Panel data", xlab="time", ylab="x(t)")
```

A.3.7 繰り返し処理

繰り返し処理は **for()** 関数や **while()** 関数，**repeat()** 関数を用いる．**for()** 関数を用いるとき，ループ回数と処理は以下のように指定することができる．WinBUGS のコードで用いられる for 文も，基本的には同じ構造である．

```
a <- rep(0, nrow(ar1))          # rep(n, k) は n を k 回繰り返す関数
for(i in 1:nrow(ar1)) {a[i] <-mean(ar1$y[1:i])}
```

A.3.8 関数オブジェクト

第 6 章では，パラメータの事前情報をリスト化する関数を用いている．関数オブジェクトは **function()** 関数を用いて作成する．

```
init <- function(m) {alpha<-mean(ar1$y[1:m])}
```

A.4 確率分布

ベイズアプローチでデータ分析をする際によく使われる確率分布を，表 A.1 にまとめる．

表 A.1　主要な確率分布

確率分布	確率分布に従うランダムな値	確率密度関数	引数のデフォルト値
一様分布	runif(n, min, max)	dunif(x, min, max)	min=0, max=1
正規分布	rnorm(n, mean, sd)	dnorm	mean=0, sd=1
t 分布	rt(n, df)	dt(n, df)	
ベータ分布	rbeta(n, a, b)	dbeta(n, a, b)	
ガンマ分布 *	rgamma(n, a, b)	dgamma(n, a, b)	b=1
逆ガンマ分布 *	rinvgamma(n, a, b)	dinvgamma(n, a, b)	b=1
ウィシャート分布 *	rwish(v, s)	dwish(W, v, s)	
逆ウィシャート分布 *	riwish(v, s)	diwish(W, v, s)	

* 印のある確率分布は，MCMCpack パッケージで利用可能．

注：n=データ数，min=最小値，max=最大値，mean=平均値，df=自由度，a=形状パラメータ，b=スケールパラメータ，v=自由度，s=スケール行列の逆行列，W=正定値行列．

APPENDIX B　WinBUGSの基礎

BUGS（Bayesian inference using Gibbs sampling）は，マルコフ連鎖モンテカルロ法（MCMC）の代表的な手法であるギブズ・サンプラーを行うことができるフリーソフトであり，ヘルシンキ大学を中心に開発されている．メトロポリス-ヘイスティング法が適用できない，データ量が多いと計算時間がかかる，などの限界はあるものの，MCMCを使ったデータ分析に触れてみたい人には，「比較的」敷居の低いソフトであるといってよい．BUGSのソースコードとプログラムに関するドキュメントはOpenBUGSとして公開されているほか，Windows版（WinBUGS）やLinux版などがあり，R（R2WinBUGS）やExcel（Bugs XLA）と併用すれば，容易にMCMCを実行できる．

WinBUGSをはじめ，BUGSに関する日本語のテキストやホームページは豊富とはいえない．ここでは，Windows版BUGSであるWinBUGSのインストール手順と標本データを用いた利用方法について概説する．なお，本章については，慶應義塾大学小暮厚之教授の許可を得て，小暮研究会（2008）第1部を加筆修正して掲載させていただいた．

B.1　WinBUGSの導入

WinBUGSのインストール方法は以下のステップにより行うことができる．

Step1　WinBUGSをダウンロードして実行する
Step2　パッチファイルを保存する
Step3　WinBUGS14を起動してパッチファイルを選択する
Step4　パッチファイルをdecodeする
Step5　Registration formに必要事項を記載し送信する
Step6　メールで送信されてきた登録内容を新規ファイルに保存する
Step7　送信されてきた登録内容をdecodeする
Step8　Key. ocfがあるかを確認し，WinBUGSを起動する

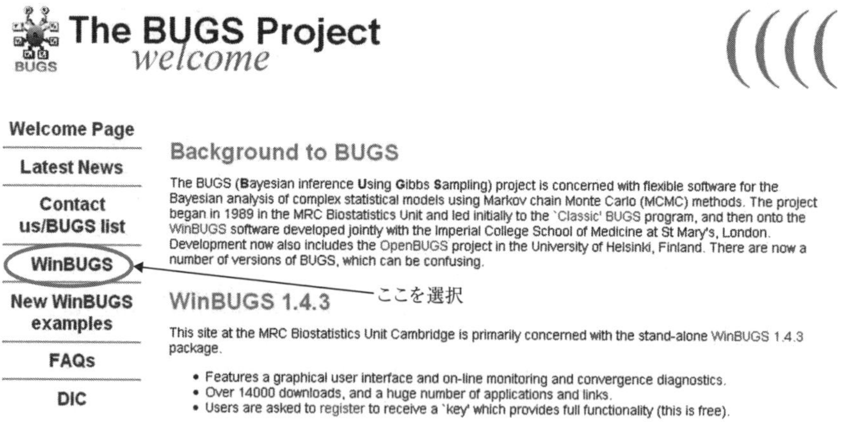
The BUGS Project
welcome
BUGS
Welcome Page
Latest News
Contact us/BUGS list
WinBUGS
New WinBUGS examples
FAQs
DIC
Background to BUGS
The BUGS (Bayesian inference Using Gibbs Sampling) project is concerned with flexible software for the Bayesian analysis of complex statistical models using Markov chain Monte Carlo (MCMC) methods. The project began in 1989 in the MRC Biostatistics Unit and led initially to the `Classic' BUGS program, and then onto the WinBUGS software developed jointly with the Imperial College School of Medicine at St Mary's, London. Development now also includes the OpenBUGS project in the University of Helsinki, Finland. There are now a number of versions of BUGS, which can be confusing.
ここを選択
WinBUGS 1.4.3
This site at the MRC Biostatistics Unit Cambridge is primarily concerned with the stand-alone WinBUGS 1.4.3 package.
• Features a graphical user interface and on-line monitoring and convergence diagnostics.
• Over 14000 downloads, and a huge number of applications and links.
• Users are asked to register to receive a `key' which provides full functionality (this is free).
図 B.1　BUGS Project のホームページ

以下では，上述の手順に沿ってインストール方法を説明する．

Step1　BUGS のホームページ（http://www.mrc-bsu.cam.ac.uk/bugs/）から，「WinBUGS」を選択し，「Quick start」から WinBUGS14.exe をダウンロードして Program files にインストールする．

Step2　同じ「Quick start」から「patch for 1.4.2」を右クリックして［対象をファイルに保存］を選択し，「C:¥Program Files¥WinBUGS14」フォルダに保存する．

Step3　WinBUGS14.exe をダブルクリックして起動し，［File］→［Open］を選択してダウンロードしたパッチファイルを選んで開く．

Step4　WinBUGS 画面から［Tools］→［Decode］を選択し，［Decode ALL］を選択する．

Step5　再び WinBUGS のホームページに戻り，「registration form」に必要事項を記入して送信する．

Step6　一度 WinBUGS14.exe を終了させたあとに再び起動し，［File］から［New］を選んで［Untitled］を開く．bugs@mrc-bsu.cam.ac.uk からメールが送信されてくるため，送られてきた内容をすべてコピーし，［Untitled］に貼り付ける．

Step7　WinBUGS 画面の［Tools］から［Decode］を選択し，［Decode All］を選択する．

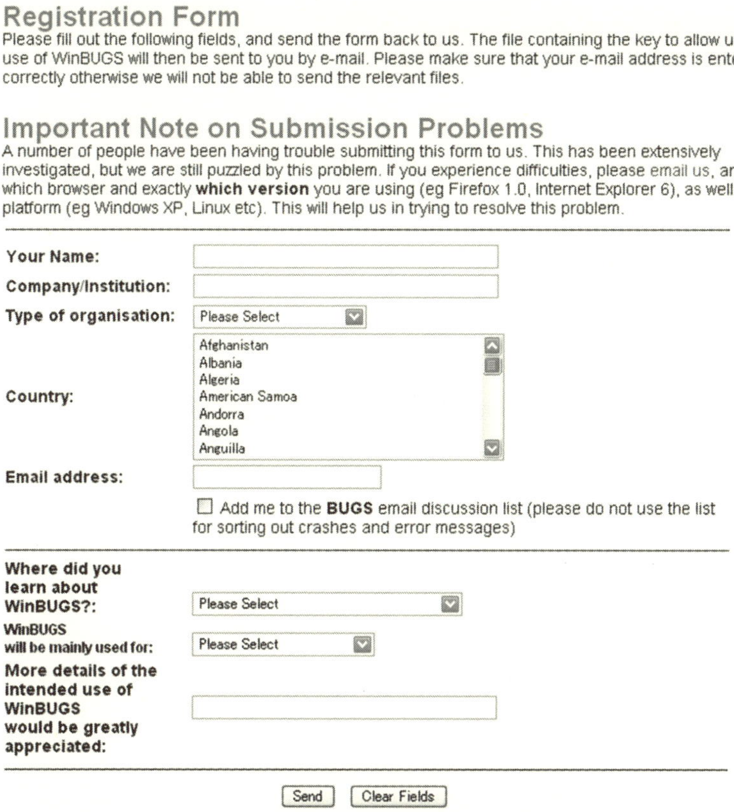
Registration Form

Please fill out the following fields, and send the form back to us. The file containing the key to allow unrestricted use of WinBUGS will then be sent to you by e-mail. Please make sure that your e-mail address is entered correctly otherwise we will not be able to send the relevant files.

Important Note on Submission Problems

A number of people have been having trouble submitting this form to us. This has been extensively investigated, but we are still puzzled by this problem. If you experience difficulties, please email us, and tell us which browser and exactly **which version** you are using (eg Firefox 1.0, Internet Explorer 6), as well as your platform (eg Windows XP, Linux etc). This will help us in trying to resolve this problem.

Your Name:
Company/Institution:
Type of organisation: Please Select
Country: Afghanistan / Albania / Algeria / American Samoa / Andorra / Angola / Anguilla
Email address:
Add me to the **BUGS** email discussion list (please do not use the list for sorting out crashes and error messages)

Where did you learn about WinBUGS?: Please Select
WinBUGS will be mainly used for: Please Select
More details of the intended use of WinBUGS would be greatly appreciated:

Send　Clear Fields

図 B.2　registration form の画面

Step8　「C:¥Program Files¥WinBUGS14¥Bugs¥Code」フォルダを開く．ここに Key.ocf が入っているか確認する．入っていれば，WinBUGS のインストールが完了する．

B.2　WinBUGS での計算事例

WinBUGS では，以下の手順によりギブズ・サンプラーを実行する．

Step1　モデルとデータおよびパラメータの初期値を記述する（読み込む）

Step2　モデルをチェックし読み込む

Step3　データをチェックし読み込む

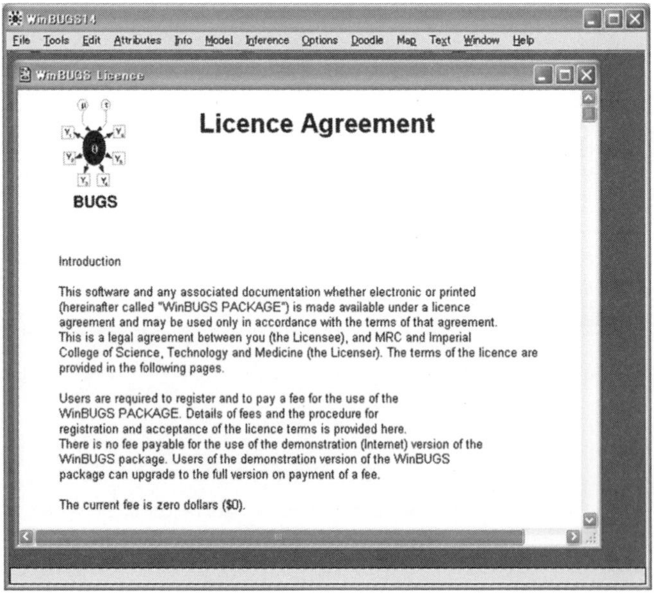

図B.3　WinBUGSの起動画面

Step4　チェーンの本数を設定する

Step5　モデルをコンパイルする

Step6　パラメータの初期値を設定する

Step7　稼働検査期間や間引き回数を設定する

Step8　出力パラメータを設定する

Step9　反復計算を実行する

Step10　計算結果を表示する

上述の手順に従い，標本データ（Seeds）を用いた計算事例を具体的に説明しよう．

Step1　モデルとデータおよびパラメータの初期値を記述する（読み込む）

WinBUGSを起動し，［Help］→［Examples Vol I］を選択する．表示される画面から［Seeds: random effects logistic regression］を選択して，「Seeds」ドキュメントファイルを表示する．WinBUGSのドキュメントファイルは，「.odc」という拡張子がついている．

既存の「.odc」ファイルを表示するには，［File］→［Open］からファイルを選択する．

「Seeds」ファイルを選択し，「Model」「Data」「Inits」という要素があるか確認する．「Model」はmodel{ }で指定された部分である．「Data」と「Inits」部分が黒矢印で「click on one of the arrows to open the data」と表示されている場合，矢印をクリックするとデータやパラメータ初期値が表示される．

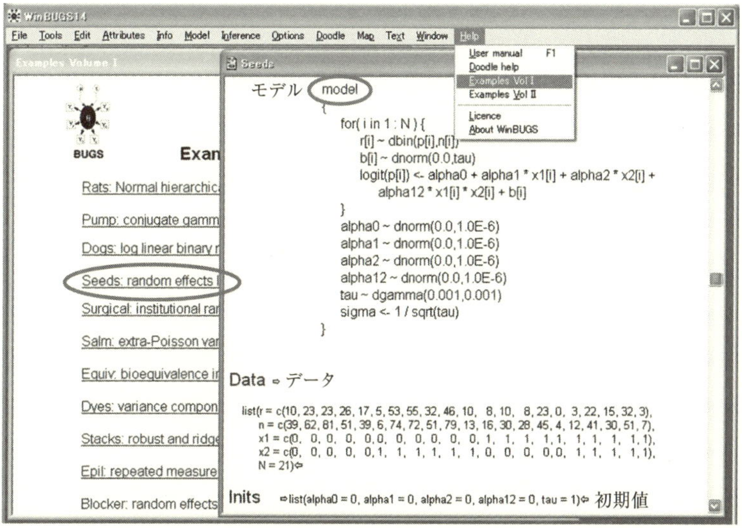

図 B.4 サンプルコードの表示

Step2 モデルをチェックし読み込む

「Seeds」ドキュメントの「model」部分を選択して黒反転し，［Model］→［Specification］を選んで「Specification Tool」を起動する．「check model」をクリックし，モデルが正しければWinBUGS画面の左下に「model is syntactically correct」と表示され，「load data」と「compile」の文字が黒反転する．

Step3 データをチェックし読み込む

「Data」の「list」をクリックし黒反転させた状態で，「Specification Tool」の「load data」をクリックしてデータを読み込む．正しく読み込まれていれば，画面左下に「data loaded」と表示される．

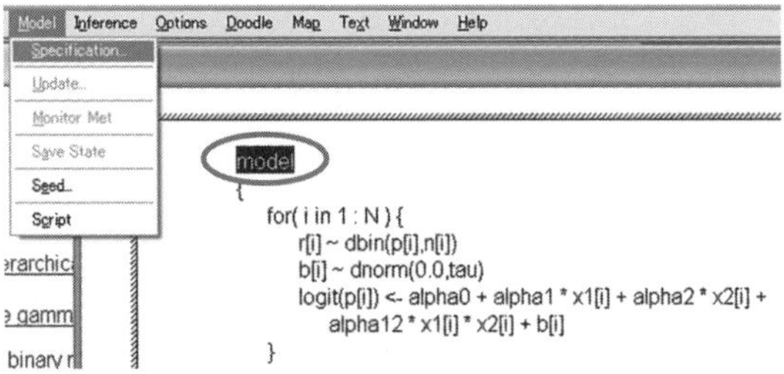

図 B.5 「model」を選んだ状態

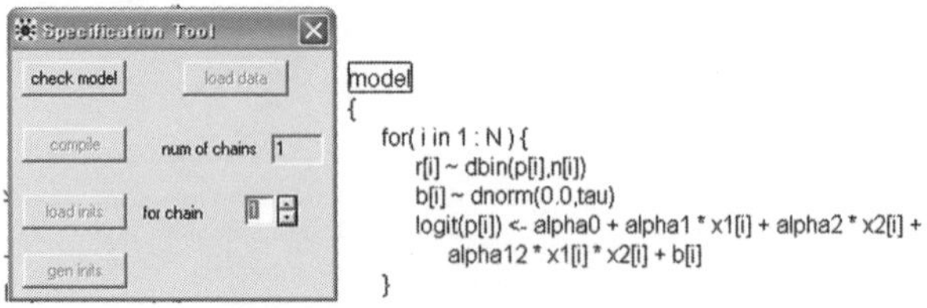

図 B.6　Specification Tool の起動状態

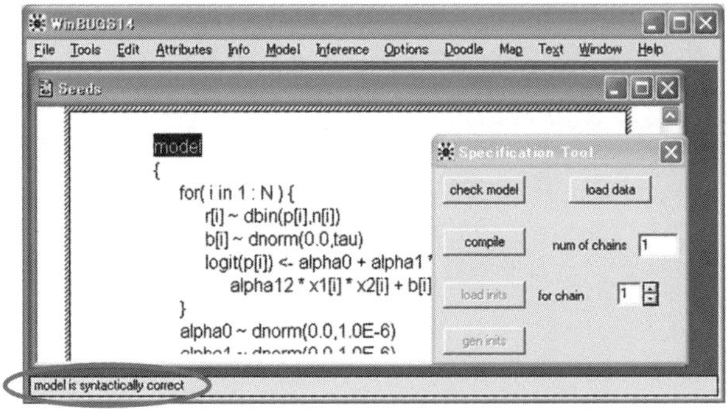

図 B.7　モデルのチェックが終了した状態

Step4　チェーンの本数を設定する

「Specification Tool」の「num of chains」の欄に，のちに発生させるチェーンの数を入力する．ここでは，チェーンの数を 3 とする．

Step5　モデルをコンパイルする

「Specification Tool」の「compile」をクリックして，モデルをコンパイルする．成功すると，画面左下に「model compiled」と表示される．

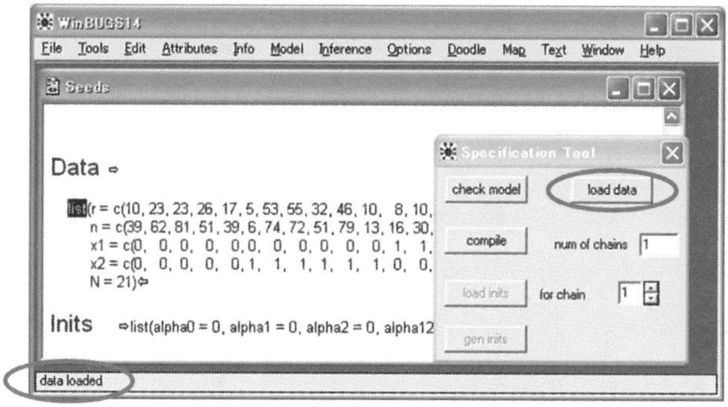

図 B.8 データが読み込まれた状態

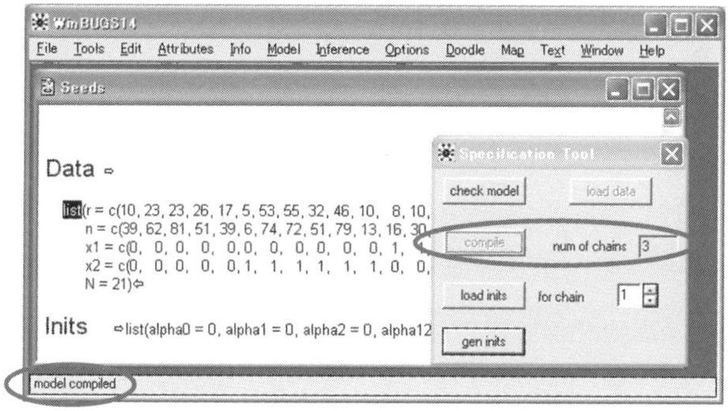

図 B.9 モデルがコンパイルされた状態

Step6 パラメータの初期値を設定する

「Inits」の「list」を黒反転させて「load inits」をチェーンの数だけクリックする．ここでは，3つのチェーンを設定したため，「load inits」を3回クリックする．画面左下に「this chain contains uninitialized variables」と表示される．次に，「gen inits」をクリックして，初期値を設定する．成功すれば，「initial values generated, model initialized」と表示される．

Step7 稼働検査期間や間引き回数を設定する

［model］→［Update］を選択し「Update Tool」を起動する．稼働検査期間を1000回にする場合，「Update」を（10回）クリックし，「iteration」が1000になるようにする．MCMC計算の間引き（thinning）回数は「thin」ボックスで指定する．

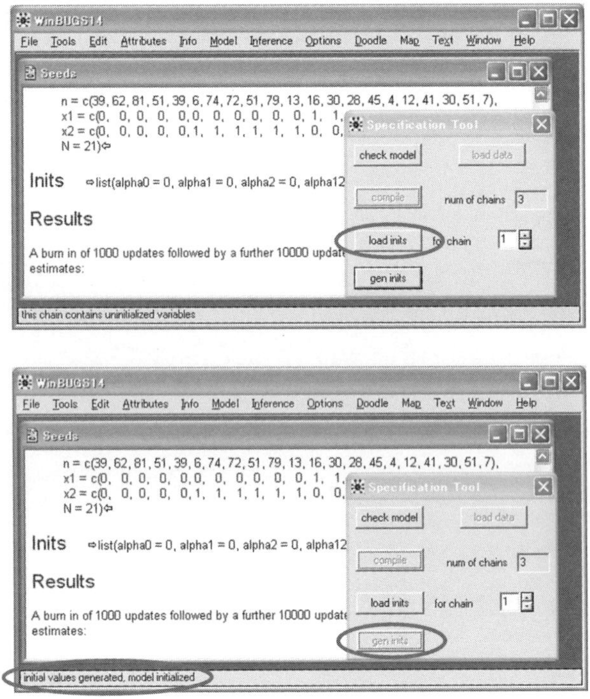

図 B.10　初期値設定
上：前半，下：後半.

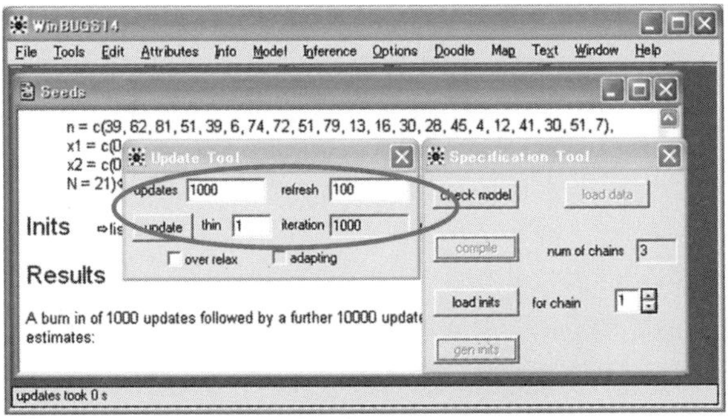

図 B.11　稼働検査期間と間引き回数の設定

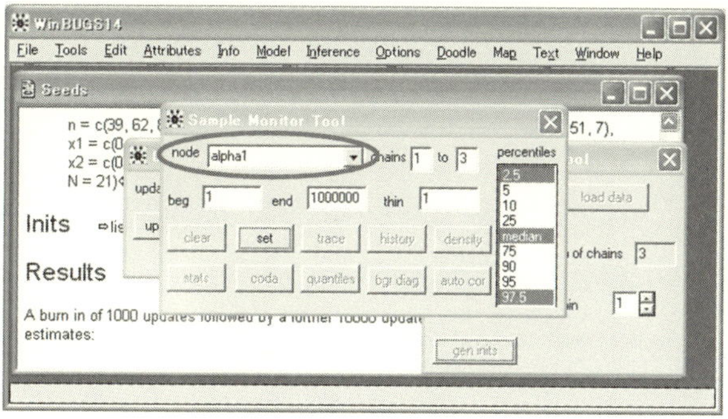

図 B.12 出力パラメータの設定

Step8 出力パラメータを設定する

［Inference］→［Samples］を選択し，「Sample Monitor Tool」を起動する．「node」欄に「Inits」の「list」で定義したパラメータ（alpha0 から tau）をキーボード入力し，「set」をクリックする．この作業を，定義したパラメータすべてに対して実行する（Sample Monitor Tool は Step10 で再び利用するため，画面を閉じる必要はない）．

Step9 反復計算を実行する

再び「Update Tool」に戻り，反復回数を設定する．ここでは，反復回数を 11000 回（稼働検査期間 1000 回を含む）とする．そこで，「updates」に「10000」と入力し「update」を（1 回だけ）クリックして「iteration」が 11000 になるまで待つ．これで，MCMC が 11000 回実行される．

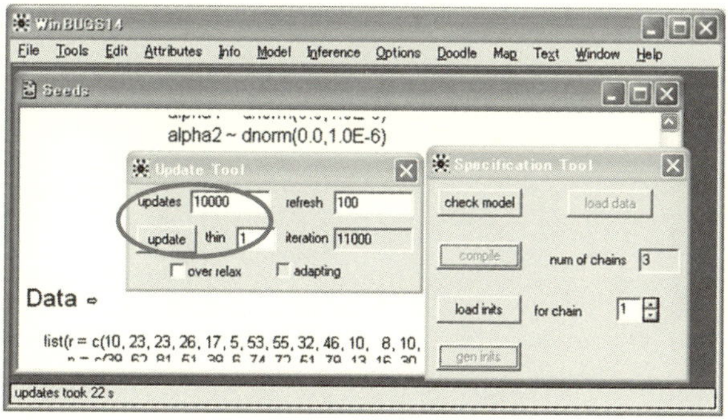

図 B.13 MCMC 反復計算の実行

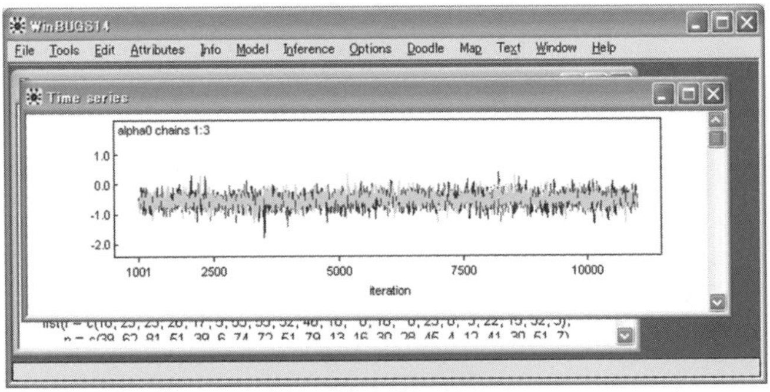

図 B.14 「history」の表示例

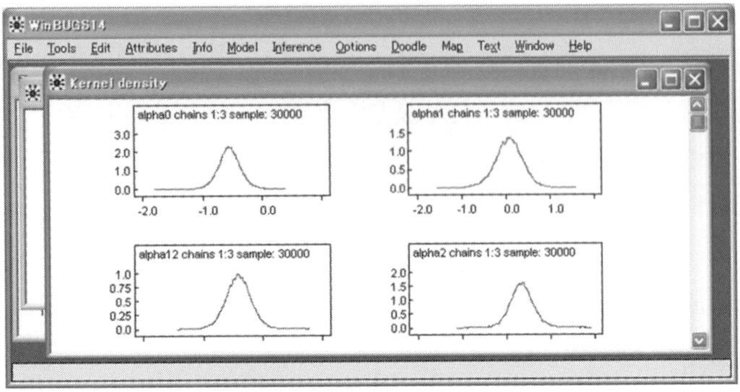

図 B.15 「density」の表示例

Step10　計算結果を表示する

反復計算が実行されたら，再び「Sample Monitor Tool」画面に戻り，「node」欄に「*」（アスタリスク）をキーボード入力する．そして，「trace」「history」「density」「stats」「coda」「quantiles」「bgr diag」「auto corr」をクリックすることにより，出力結果を確認する．

以下では，「history」と「density」の結果を表示する．

以上にみたように，WinBUGS を使うことにより，ギブズ・サンプラーによるモデルのベイズ推定を，比較的簡便に実行することができることがわかる．自身の関心に応じて，準備したデータを定式化したモデルにあてはめたい場合にも，基本的には同じような手順で初期値などを設定し，モデルパラメータを推定すればよい．

B.3　R2WinBUGS を使った計算事例

統計言語 R を使い慣れている人にとっては，R と WinBUGS のプログラム記述方法が似ているため，WinBUGS は比較的使いやすいと感じることだろう．また，本書でも紹介されているように，R2WinBUGS というパッケージを使うことにより，データの入出力や計算結果の表示を R で行い，ギブズ・サンプラーの反復計算のみを WinBUGS に実行させることができる．ここでは，B.2 節の標本データと BUGS コードを使って，R2WinBUGS の計算事例を示すことにしよう．

R2WinBUGS を使う場合，以下の手順によりギブズ・サンプラーを実行する．

Step1　BUGS コードを記述し保存する
Step2　R2WinBUGS ライブラリを呼び出す
Step3　データと初期値を設定する
Step4　R2WinBUGS を実行する
Step5　結果を表示する

Step1　BUGS コードを記述し保存する

テキストファイルを新規に作成し，以下の BUGS コードを記述したのち，「sample. txt」として R がインストールされたフォルダに保存する．

```
model{
for(i in 1:N){
r[i] ~ dbin(p[i], n[i])
b[i] ~ dnorm(0.0, tau)
logit(p[i]) <- alpha0+alpha1*x1[i]+alpha2*x2[i]+alpha12*x1[i]*x2[i]+b[i]}
alpha0~dnorm(0.0, 1.0E-6)
alpha1~dnorm(0.0, 1.0E-6)
alpha2~dnorm(0.0, 1.0E-6)
alpha12~dnorm(0.0, 1.0E-6)
tau~dgamma(0.001, 0.001)
sigma <- 1/sqrt(tau)
}
```

Step2　R2WinBUGS ライブラリを呼び出す

R のメニューから［パッケージ］→［パッケージの読み込み］→［R2WinBUGS］を選択するか，コンソール上で以下のように入力する．

```
library(R2WinBUGS)
```

Step3　データと初期値を設定する

R 上でデータを設定し，リスト化する．コンソール上でデータを設定せず，**read. table( )** コマンドなどを使ってデータを読み込んでもよい．data や parameters が正しく設定されていないと，Step4 で “parameter(data)*** is not in the model” などとエラーが表示される．

```
# データを設定
r=c(10, 23, 23, 26, 17, 5, 53, 55, 32, 46, 10, 8, 10, 8, 23, 0, 3, 22, 15, 32, 3)
n=c(39, 62, 81, 51, 39, 6, 74, 72, 51, 79, 13, 16, 30, 28, 45, 4, 12, 41, 30, 51, 7)
x1=c(0, 0, 0, 0, 0, 0, 0, 0, 0, 0, 0, 1, 1, 1, 1, 1, 1, 1, 1, 1, 1)
x2=c(0, 0, 0, 0, 0, 1, 1, 1, 1, 1, 1, 0, 0, 0, 0, 0, 1, 1, 1, 1, 1)
N=21
# データリストを作成
data <- list("r", "n", "x1", "x2", "N")
# 初期値と保存するパラメータを設定
in1 <- in2 <- in3 <- list(alpha0=0, alpha1=0, alpha2=0, alpha12=0, tau=1)
inits <- list(in1, in2, in3)
parameters <- c("alpha0", "alpha1", "alpha2", "alpha12", "tau")
```

Step4　R2WinBUGS を実行する

bugs( ) コマンドで WinBUGS を呼び出し，実行する．計算ログは，R フォルダの下に “log. txt”（および “log. odc”）として保存される．

```
sample. wb <- bugs(data, inits, parameters, model. file
="sample. txt", debug=FALSE,
n. chains=3, n. iter=10000, n. burnin=1000, codaPkg=TRUE,
```

```
bugs.directory="C:/Program Files/WinBUGS14",
working.directory=NULL)
```

Step5　結果を表示する

print( ) や **plot( )** を使って結果を表示する．

```
print(sample.wb, digits=3)          # digitsで表示桁数を指定
plot(sample.wb)
```

print(sample.wb, digits=3) の結果は以下のように表示される．

```
> print(sample.wb, digits=3)
Inference for Bugs model at "sample.txt", fit using WinBUGS,
3 chains, each with 10000 iterations(first 1000 discarded), n.thin=27
n.sims=1002 iterations saved
            mean      sd   2.5%    25%     50%     75%   97.5%  Rhat n.eff
alpha0    -0.547   0.193 -0.921 -0.673  -0.557  -0.426  -0.162 1.001  1000
alpha1     0.073   0.323 -0.597 -0.122   0.088   0.280   0.692 1.007   450
alpha2     1.346   0.272  0.786  1.181   1.352   1.516   1.885 1.001  1000
alpha12   -0.810   0.430 -1.582 -1.085  -0.818  -0.542   0.094 1.006   760
tau       59.826 187.513  2.689  6.944  13.305  30.977 588.034 1.007   430
deviance 102.258   6.699 90.066 97.352 101.850 106.900 115.395 1.000  1000

For each parameter, n.eff is a crude measure of effective sample size,
and Rhat is the potential scale reduction factor(at convergence, Rhat=1).

DIC info(using the rule, pD=Dbar-Dhat)
pD=11.1 and DIC=113.4
DIC is an estimate of expected predictive error(lower deviance is better).
```

文　献

【R や WinBUGS, MATLAB のコードが参考になるベイズ統計の教科書】

[1] Martin, J-M. and Robert, C.P. (2007) : *Bayesian Core : A Practical Approach to Computational Bayesian Statistics*, Springer-Verlag.

[2] Koop, G., Poirier, D.J. and Tobias, J.L. (2007) : *Bayesian Econometric Methods*, Cambridge University Press.

[3] Gelman, A. and Hill, J. (2007) : *Data Analysis Using Regression and Multilevel/Hierarchical Models*, Cambridge University Press.

[4] Lancaster, T. (2006) : *An Introduction to Modern Bayesian Econometrics*, Blackwell.

[5] Congdon, P. (2006) : *Bayesian Statistical Modelling (2nd ed.)*, John Wiley & Sons.

[6] Congdon, P. (2003) : *Applied Bayesian Modelling*, John Wiley & Sons.

【ベイズ統計学の教科書（英語）】

[7] Ghosh, J.K. *et al.* (2006) : *An Introduction to Bayesian Analysis Theory and Methods*, Springer-Verlag.

[8] Rossi, P.E. *et al.* (2005) : *Bayesian Statistics and Marketing*, John Wiley & Sons.

[9] Dey, E.K. and Rao, C.R. (eds.) (2005) : *Handbook of Statistics 25 : Bayesian Thinking : Modeling and Computation*, Elsevier Science Publishers.

[10] Gelman, A. *et al.* (2004) : *Bayesian Data Analysis*, Chapman & Hall/CRC.

[11] Koop, G. (2003) : *Bayesian Econometrics*, John Wiley & Sons.

【ベイズ統計学の教科書（日本語）】

[12] 中妻照雄（2007）:『入門ベイズ統計学（ファイナンス・ライブラリー 10）』, 朝倉書店.

[13] 和合　肇（2005）:「第 9 章　ベイズ統計による分析」, 牧　厚志他著『経済・経営のための統計学』, 有斐閣アルマ.

[14] 和合　肇編著（2005）:『ベイズ計量経済分析—マルコフ連鎖モンテカルロ法とその応用—』, 東洋経済新報社.

［15］ 伊庭幸人他（2005）：『計算統計 II—マルコフ連鎖モンテカルロ法とその周辺—（統計科学のフロンティア 12）』，岩波書店.

［16］ 石黒真木夫他（2004）：『階層ベイズモデルとその周辺—時系列・画像・認知への応用—（統計科学のフロンティア 4）』，岩波書店.

［17］ 伊庭幸人（2003）：『ベイズ統計と統計物理』，岩波書店.

［18］ 渡部　洋（1999）：『ベイズ統計学入門』，福村出版.

［19］ 繁桝算男（1985）：『ベイズ統計入門』，東京大学出版会.

【第 1 章】

［20］ ジェフリー・S・ローゼンタール著，中村義作監修，柴田裕之訳（2007）：『運は数学にまかせなさい』，早川書房.

［21］ ディヴィッド・サルツブルグ著，竹内惠行，熊谷悦生訳（2006）：『統計学を拓いた異才たち』，日本経済新聞社.

［22］ スティーブン・セン著，松浦俊輔訳（2005）：『確率と統計のパラドックス』，青土社.

［23］ 垂水共之，飯塚誠也（2006）：『R/S-PLUSによる統計解析入門』，共立出版.

［24］ 中澤　港（2003）：『R による統計解析の基礎』，ピアソン・エデュケーション.

［25］ Zellner, A.(1999)：Bayesian Analysis of Golf, paper presented at Research Conference honoring George, J. and Judge, U. of Illinois, Champaign-Urbana.

【第 2 章】

［26］ Carlin, B.P. and Louis, T.A.(2000)：*Bayes and Empirical Bayes Methods for Data Analysis(2nd ed.)*, Chapman & Hall/CRC.

［27］ Albert, J.H.(1999)：Criticism of a hierarchical model using Bayes factors, *Statistics in Medicine*, Vol. 18, No. 3, pp. 287-305.

［28］ Key, J. T., Pericchi, L. R. and Smith, A. F. M. (1999)：Bayesian model choice：What and why? In J.M. Bernardo, J.O. Berger, A.P. Dawid and A.F.M. Smith (eds.), *Bayesian Statistics 6*, pp. 343-370, Oxford University Press.

［29］ Lewis, S.M. and Raftery, A.E.(1997)：Estimating bayes factors via posterior simulation with the Laplace-Metropolis estimator, *Journal of the American Statistical Association*, Vol. 92, No. 438, pp. 648-655.

［30］ Berger, J.O. and Pericchi, L.R.(1996)：The intrinsic Bayes factor for linear models, In J.M. Bernardo, J.O. Berger, A.P. Dawid and A.F.M. Smith (eds.), *Bayesian Statistics 5*, pp. 25–44, Oxford University Press.

[31] Kass, R.E. and Wasserman, L. (1996) : The selection of prior distributions by formal rules, *Journal of the American Statistical Association*, Vol. 91, No. 435, pp. 1343–1370.

[32] Zellner, A. (1996) : *Bayesian Analysis in Econometrics and Statistics : The Zellner View and Papers*, Edward Elgar.

[33] Kass, R.E. and Raftery, A. (1995) : Bayes factors, *Journal of the American Statistical Association*, Vol. 90, No. 430, pp. 773–795.

[34] Kass, R.E. and Wasserman, L. (1995) : A reference Bayesian test for nested hypotheses and its relationship to the Schwarz criterion, *Journal of the American Statistical Association*, Vol. 90, No. 431, pp. 928–934.

[35] Bernardo, J.M. and Smith, A.F.M. (1994) : *Beyasian Theory*, John Wiley & Sons.

[36] Bernardo, J.M., Berger, J.O., Dawid, A.P. and Smith, A.F.M. (1992) : *Bayesian Statistics 4*, Oxford University Press.

[37] Tierney, L. and Kadane, J.B. (1986) : Accurate approximations for posterior moments and marginal densities, *Journal of the American Statistical Association*, Vol. 81, No. 393, pp. 82–86.

[38] Shafer, G. (1982) : Lindley's Paradox, *Journal of American Statistical Association*, Vol.77, No. 378, pp. 325–334.

[39] Jeffreys, H. (1961) : *Theory of Probability*, Oxford University Press.

【第 3 章】

[40] Chib, S. and Jeliazkov, I. (2005) : Accept-reject Metropolis-Hastings sampling and marginal likelihood estimation, *Statistica Neerlandica*, Vol. 59, No. 1, pp. 30–44. (University of California postprint)

[41] Cowles, M.K. (1996) : Accelerating Monte Carlo Markov chain convergence for cumulative-link generalized linear models, *Statistics and Computing*, Vol. 6, pp. 101–111.

[42] Chib, S. and Greenberg, E. (1995) : Understanding the Metropolis-Hasting algorithm, *The American Statistician*, Vol. 49, pp. 183–206.

[43] Casella, G. and George, E. (1992) : Explaining the Gibbs sampler, *The American Statistician*, Vol. 46, No. 3, pp. 167–174.

[44] Gelman, A. and Rubin, D. (1992) : Inference from iterative simulation using multiple sequences, *Statistical Science*, Vol. 7, No. 4, pp. 457–472.

[45] Geyer, C.J. (1992) : Practical Markov chain Monte Carlo, *Statistical Science*, Vol. 7, No. 4, pp. 473–483.

[46] Gilks, W., Clayton, D., Spiegelhalter, D., Best, N., McNeil, A., Sharples, L. and Kirby, A. (1993) : Modelling complexity : Application of Gibbs sampling in medicine, *Journal of the Royal Statistical Society, Series B*, Vol. 55, pp. 39–52.

[47] Raftery, A.E. and Lewis, S.M. (1992a) : How many iterations in the Gibbs sampler? In J.M. Bernardo, J.O. Berger, A.P. Dawid and A.F.M. Smith (eds.), *Bayesian Statistics 4*, pp. 763–773, Oxford University Press.

[48] Raftery, A.E. and Lewis, S. M. (1992b) : [Practical Markov chain Monte Carlo] : Comment : One long run with diagnostics : Implementation strategies for Markov chain Monte Carlo, *Statistical Science*, Vol. 7, No. 4, pp. 493–497.

[49] Geweke, J. (1992) : Evaluating the accuracy of sampling-based approaches to calculating posterior moments, In J.M. Bernardo, J.O. Berger, A.P. Dawid and A.F.M. Smith (eds.), *Bayesian Statistics 4*, pp. 169–193, Oxford University Press.

【第 4 章】

[50] 阿部　誠，近藤文代（2005）：『マーケティングの科学—POS データの解析—（シリーズ〈予測と発見の科学〉3）』，朝倉書店．

[51] Imai, K. and van Dyk, D.A. (2005a) : A Bayesian analysis of the multinomial probit model using marginal data augmentation, *Journal of Econometrics*, Vol. 124, No. 2, pp. 311–334.

[52] Imai, K. and van Dyk, D. A. (2005b) : MNP : R package for fitting the multinomial probit model, *Journal of Statistical Software*, Vol. 14, No. 3, pp. 1–32.

[53] Rossi, P.E. *et al.* (2005) : *Bayesian Statistics and Marketing*, John Wiley & Sons.

[54] Train, K. (2003) : *Discrete Choice Methods with Simulation*, Cambridge University Press.

[55] Scott, S. (2003) : Data Augmentation for the Bayesian Analysis of Multinomial Logit Models, Proceedings of the American Statistical Association Section on Bayesian Statistical Science.

[56] Edwards, Y.D. and Allenby, G.M. (2003) : Multivariate analysis of multiple

response data, *Journal of Marketing Research*, Vol. 40, Issue 3, pp. 321-334.

[57] Lahiri, K. and Gao, J. (2002) : Bayesian analysis of nested logit model by Markov chain Monte Carlo, *Journal of Econometrics*, Vol. 111, No. 1, pp. 103-133.

[58] Glasgow, G. (2001) : Mixed logit models for multicandidate and multiparty elections, *Political Analysis*, Vol. 9, No. 2, pp. 116-136.

[59] Barnard, J., McCulloch, R. and Meng, X.L. (2000) : Modeling covariance matrices in terms of standard deviations and correlations, with application to shrinkage, *Statistica Sinica*, Vol. 10, pp. 1281-1311.

[60] McCulloch, R.E., Polson, N.G. and Rossi, P.E. (2000) : A Baysian analysis of the multinomial probit model with fully identified parameters, *Journal of Econometrics*, Vol. 99, pp. 173-193.

[61] Chib, S., Greenberg, E. and Chen, Y. (1998) : MCMC methods for fitting and comparing mutinomial response models, *Economics Working Paper Archive*, No. 9802001.

[62] 蓑谷千凰彦，廣松　毅監修，牧　厚志，宮内　環，浪花貞夫，縄田和満 (1997)：『応用計量経済学〈2〉』，多賀出版.

[63] Chib, S. and Greenberg, E. (1996) : Bayesian analysis of multivariate probit models, *Economics Working Paper Archive*, No. 9608002.

[64] Geweke, J., Keane, M. and Runkle, D. (1994) : Alternative computational approaches to statistical inference in the multinomial probit model, *Review of Economics and Statistics*, Vol. 76, No. 4, pp. 609-632.

[65] McCulloch, R.E. and Rossi, P.E. (1994) : An exact likelihood analysis of the multinomial probit model with fully indentified parameters, *Journal of Econometrics*, Vol. 64, pp. 207-240.

【第 5 章】

[66] de Leeuw, J. and Meijer, E. (eds.) (2008) : *Handbook of Multilevel Analysis*, Springer-Verlag.

[67] Bates, D. (2007) : *Computational methods for mixed models*, http://cran.r-project.org/doc/vignettes/lme4/Theory.pdf

[68] Brown, H. and Prescott, R. (2006) : *Applied Mixed Models in Medicine (2nd ed.)*, John Wiley & Sons.

[69] Kreft, I. and de Leeuw, J. 著，小野寺孝義編訳 (2006)：『基礎から学ぶマル

チレベルモデル』，ナカニシヤ出版.

[70] Kadar, O. and Shively, W.P.(2005): Introduction to the special issue, *Political Analysis*, Vol. 13, pp. 297-300.

[71] Gelman, A., Carlin, J.B., Stern, H.S. and Rubin, D.B.(2004): *Bayesian Data Analysis*, Chapman & Hall/CRC.

[72] Luke, D.A.(2004): *Multilevel Modeling*, Series: Quantitative Application in the Social Sciences, Sage University Press, Sage Publications.

[73] Fox, J.(2002): *Linear Mixed Models*, http://socserv.mcmaster.ca/jfox/Books/Companion/appendix-mixed-models.pdf

【第6章】

[74] 大森裕浩，渡部敏明 (2007):「MCMC 法とその確率的ボラティリティ変動モデルへの応用」，CIRJE-J-173，CIRJE ディスカッションペーパー.

[75] 中妻照雄 (2006):「第4章　状態空間モデルのベイズ分析」，田中辰雄，中妻照雄『計量経済学のフロンティア』，慶應義塾大学出版会.

[76] Morawetz, U.(2006): *Bayesian modelling of panel data with individual effects applied to simulated data*, http://www.boku.ac.at/wpr/wpr_dp/DP-16-2006.pdf

[77] Baltagi, B.H.(2005): *Econometric Analysis of Panel Data*(*3rd ed.*), John Wiley & Sons.

[78] Brandt, P.T. and Freeman, J.R.(2005): Modeling Macro Political Dynamics: The Pitfalls of Parsimony, Prepared for the 2005 APSA Meeting.

[79] Spiegelhalter, D.J., Best, N.G., Carlin, B.P. and van der Linde, A.(2002): Bayesian measures of model complexity and fit, *Journal of the Royal Statistical Society, Series B*, Vol. 64, No. 4, pp. 583-616.

[80] Horrace, W.C. and Schmidt, P.(2000): Multiple comparisons with the best, with economic applications, *Journal of Applied Econometrics*, Vol. 15, No. 1, pp. 1-26.

[81] Meyer, R. and Yu, J.(2000): BUGS for a Bayesian analysis of stochastic volatility models, *Econometrics Journal*, Vol. 3, pp. 198-215.

[82] Waggoner, D.F. and Zha, T.(2000): A Gibbs simulator for restricted VAR Models, *Federal Reserve Bank of Atlanta Working Paper*, No. 2000-03.

[83] Bauwens, L. and Lubrano, M. (1998): Bayesian inference on GARCH models using the Gibbs sampler, *Econometrics Journal*, Vol. 1, pp. C23-C46.

[84] Sims, C.A. and Zha, T. (1998) : Bayesian methods for dynamic multivariate models, *International Economic Review*, Vol. 39, No. 4, pp. 949–968.

[85] Zellner, A. (1985) : Bayesian Econometrics, *Econometrica*, Vol. 53, No. 2, pp. 253–269.

[86] Litterman, R. B. (1985) : Forecasting with Bayesian vector autoregressions five years of experience, *Federal Reserve Bank of Minneapolis Working Paper*, No. 274.

【Appendix B】

[87] 小暮研究会（2008）:『WinBUGS 入門—導入・使用法・実例— Part 1』, 慶應義塾大学湘南藤沢学会.

（web サイトのアドレスは，いずれも 2008 年 4 月 3 日現在のもの）

索　　引

タ 行

ナ 行

ハ 行

マ 行

ヤ　行

ラ　行

著者略歴

古谷知之（ふるたにともゆき）

1973 年　兵庫県に生まれる

2001 年　東京大学大学院工学系研究科博士課程修了

現　在　慶應義塾大学総合政策学部准教授

博士（工学）

統計ライブラリー

ベイズ統計データ分析

—R & WinBUGS—

定価はカバーに表示

2008 年 9 月 15 日　初版第 1 刷

2010 年 2 月 25 日　第 4 刷

著　者　古　谷　知　之

発行者　朝　倉　邦　造

発行所　株式会社　朝　倉　書　店

東京都新宿区新小川町 6-29

郵便番号　162-8707

電　話　03(3260)0141

FAX　03(3260)0180

http://www.asakura.co.jp

〈検印省略〉

真興社・渡辺製本

ISBN 978-4-254-12698-3　C 3341

Printed in Japan